回望人类发明的历程，感受人类无穷的智慧，引发我们无尽的联想。敢想，你就是下一个爱迪生。

世界100大发明发现

作者:(韩)李孝成　　绘图:(韩)赵成桂　　翻译:李　征

九州出版社 JIUZHOUPRESS | 全国百佳图书出版单位

前 言

记载科学历史的"宝书"

所谓发明，是指首次创造出世界上没有的东西。另外，寻找这世界不为人知的重大事实和根本道理，叫做发现。

“噢？那是怎么回事？”

科学精神往往萌芽于对新事物、新事情的好奇心。

牛顿就是一个很好的例子，他苦苦思索苹果落地，终于发

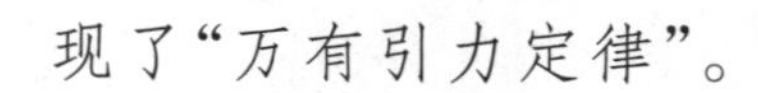

现了“万有引力定律”。

“如果在这里打一个孔会怎么样呢？”

科学精神还萌芽于对不起眼的东西进行实验。

在水壶盖上打一个孔防止沸水打翻盖子也是一个很好的例子。据说有个外国人凭这项发明赚取了

很多钱。

即使不是特殊的事情，再怎么平凡，只要以不平凡的眼光去看、去研究，也必定会想到别人没有想到的，做到别人没有做到的。

就这样，从古代开始，人类便开始使用工具，经过一系列的发明和发现延续至今。

这本书就是以此为基础，收录了世界伟大的100大发明、发现。本书不是单纯的记载发明、发现的故事，而是力求让全世界最重要的科学历史展现在眼前的“宝书”。

“如果我也像爱迪生……”

阅读本书，你不仅会觉得有趣，还会产生创造力和想做出一些成绩的冲动，最终也可能成为做出伟大发明、发现的科学家。

预祝阅读本书的朋友们将来有一天也能成为著名的发明、发现家。

作者：(韩)李孝成

目　录

目　录

目　录

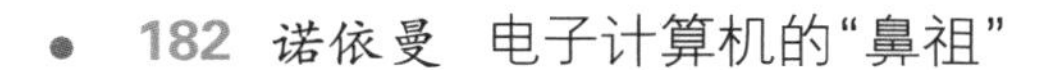

毕达哥拉斯“数论”定理

毕达哥拉斯以发现“勾股定理”著称于世。实际上这个定理早已为巴比伦人和中国人所知，在中国古代的《周髀算经》中记录着商高同周公的一段对话。商高那段话的意思就是说：当直角三角形的两条直角边分别为3(短边)和4(长边)时，斜边长则为5。以后人们就简单地把这个事实说成“勾三股四弦五”。

毕达哥拉斯是古希腊的数学家、哲学家，对“数论”做了很多研究。

他在学术上取得了多种成就，其中最伟大的成就是他提出了“毕达哥拉斯定理”。这个定理的内容是“直角三角形的斜边长度的平方等于两直角边长度的平方和”。也就是我们所说的“勾股定理”。

除了“毕达哥拉斯定理”，他还证明了“三角形内角之和为180度”，在数学领域里他还取得了其他许多的成绩。

此外，毕达哥拉斯还提出“不是曲线，就是直线；没有黑暗，便没有光明；没有光明，也没有黑暗”等理论，这与东方的“阴阳说”是相通的。

毕达哥拉斯还提出了音乐理论。他提出：“声音由物体的震动产生，但音乐不能由无秩序的声音组成。”

毕达哥拉斯出生于爱琴海东部的萨摩斯岛，后在意大利南部创立了一个集政治、艺术、宗教于一体的团体“毕达哥拉斯学派”。毕达哥拉斯学派遵循教理，生活俭朴，严守戒律。他们主要由数学家、天文学家、音乐家组成，是西方美学史上最早探讨美的本质的学派，对后来的柏拉图等人都产生了深远的影响。

毕达哥拉斯学派在公元前5世纪因为宗教等原因毁于敌手派之手，毕达哥拉斯本人也被迫移居他林敦(今意大利南部城市塔兰托)，后在当地去世。

科学小贴士

毕达哥拉斯区分了奇数和偶数，并对三角形数和四角形数也做了相关研究。我们虽然只将自然数看作数，但依据毕达哥拉斯定理却发现了无理数。据说由于当时的学派很难接受无理数的发现，因此将其视作学派内的秘密。

欧几里得
完成“希腊几何学”

数学在欧几里得的推动下,逐渐成为人们生活中的一个时髦话题,以至于当时托勒密国王也想赶这一时髦,学点儿几何学。于是,他问欧几里得:“学习几何学有没有什么捷径可走?”欧几里得严肃地说:“抱歉,陛下!学习数学,人人都得独立思考,就像种庄稼一样,不耕耘是不会有收获的。在这一方面,国王和普通老百姓是一样的。”

欧几里得完成了“希腊几何学”,因此他的名字成为几何学的代名词。

他的著作《几何原本》至今仍作为几何学的教科书,具有极其重要的价值,一直畅销不衰。

《几何原本》共分为13卷,其中系统整理了在欧几里得之前,包括几何学和数论在内的古希腊数学的全部研究成果。

这本书在锻炼逻辑思维能力方面,具有极为珍贵的价值。第一卷中,以“点只有位置,没有大小”;“线是没有宽度的”等形式,提出了几何知识的相关定义,并提出了五个假设。

后面的内容便是公理(成为真理的命题),公理知识的后面,便是“证明”出的命题。从第二卷起内容便涉及了更广范围的几何问题。即四边形的宽、圆、圆的内接和外接、相似形、小数、无理数、集体几何学的基础和宽、体积、正多面体等知识。

欧几里得从一个一个的基础问题依次说明，用几何学的基础问题为砖构建了几何学的大厦。

他利用浅显易懂的方法来证明复杂的原理，让后人更加清晰地掌握几何学，所以欧几里得的《几何原本》成为几何学的基础、初级几何学的典范。

科学小贴士

《几何原本》共 13 卷，系统地整理了数学理论，是集当时的毕达哥拉斯学派和柏拉图学派学说之大成的著作。

书中第一卷至第六卷涉及平面几何学知识，第七卷至第十卷讨论了比例和算术的理论，第十一卷至第十三卷介绍了有关立体几何学的知识。

阿基米德发现“浮力原理”

在阿基米德老年的时候，罗马和叙拉古之间发生了战争。但是阿基米德依然泰然自若地在海边的沙滩上画图研究数学。罗马士兵到了，用脚践踏了他所画的图形。阿基米德愤怒地去推罗马士兵，残暴的士兵举刀一挥，阿基米德就此离开了人世。据说，阿基米德的墓碑上还刻着他当时画的数学图形。

“给我一个支点，我可以撬动整个地球！”

阿基米德确立了“杠杆原理”后，在国王面前这样说道。

当时有一艘军舰由于过于巨大，无法拖至海上。国王正因此处于苦恼中时，阿基米德利用由杠杆原理做出的滑轮轻松地将军舰拖到了海上。

此后国王叫阿基米德到御前问话。

“不久前，我得到了一个王冠。但很多人都说它不是纯金的。”国王指示阿基米德尽快鉴别出王冠是否是纯金的。

阿基米德十分茫然。他绞尽脑汁也没有找出不将王冠熔化而鉴别王冠是否为纯金的方法。

国王要求的最后期限一天天临近了。

他怀着沉重的心情，将身体沉入浴池。

“哦？流出的水与我沉入的身体体积是相同的啊。如果是那样……”

阿基米德立刻将王冠和同等重量的金块放入装满水的容器中，比较了溢出的水量。溢出的水量相同，即可证明王冠是纯金的。结果他以此方法鉴别出王冠不是纯金的，而是掺入了大量白银。

此外，阿基米德还留下了浮力的原理、求积法等数学和物理学方面的研究成果。

科学小贴士

善用杠杆原理，可以使很小的力发挥很大的作用。

在我们周围，利用杠杆的产品比比皆是。例如，瓶起子、镊子、钳子、剪刀、指甲刀等都是利用杠杆原理制造出来的工具。

蔡伦
纸的发明

蔡伦，桂阳郡（今湖南郴州）人，是中国东汉中期的宦官。当时宦官干预国政，蔡伦也参与到宫廷的斗争中，他因受窦太后指使参与迫害安帝祖母宋贵人至死、剥夺皇父刘庆的皇位继承权而被审讯查办。蔡伦自知死罪难免，于是自尽而亡。

各种发现和发明都促进了人类文明的发展，但其影响力像纸这样深远的却十分罕见。如果将文字的发明比作针，那么纸的发明就是线。

世界上最早发明纸的人是中国东汉时期的蔡伦。

蔡伦是东汉时期的宦官。由于当时没有纸，文字的记录还相当烦琐不便。

“哼，这字都洇开了，根本看不清楚啊！”

皇帝看着写在丝绸上的字，拉下了脸。

“要么不在丝绸上书写，在竹简上书写好吗？”大臣问道。

这时期，由于没有纸，人们只有在丝绸或竹简上书写。

皇帝感叹道：“难道就没有不晕染墨

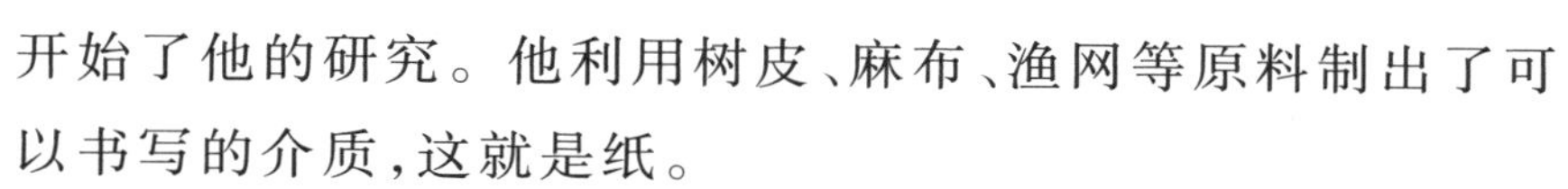

汁又轻便的东西用来写字吗？”

蔡伦说：“陛下，我将尝试做出用来书写时既不晕染墨汁，又轻便的东西。”

“无论任何东西，只要努力就没有做不出来的。”

就这样蔡伦开始了他的研究。他利用树皮、麻布、渔网等原料制出了可以书写的介质，这就是纸。

纸的制作技术不仅传播到了东方各国，还传至世界各地，人们把这种纸称为“蔡侯纸”。“蔡侯纸”中第一个字“蔡”就是由蔡伦的姓氏而来的。

科学小贴士

回顾纸的起源，可追溯到古埃及时期。在古埃及，人们将纸莎草的茎削成一片片薄片，并将这些薄片相互交叠编制，再捶打将其弄平，制成莎草纸使用。这可以说是纸的鼻祖。

蔡伦发明了纸以后，又过了1000多年，纸才通过战争传到了欧洲。

崔茂宣
研制火药武器

在火药发明之前，古代军事家常用火攻这一战术克敌制胜。在火攻中，在箭头上附着易燃的油脂、硫黄等，点燃后射向敌方。但这种燃烧火力小，容易扑灭。火药出现后，人们就用火药代替上述易燃物，制成的火箭燃烧就猛烈多了。有时在火药中加上巴豆、砒霜等有毒物质，燃烧后生成的烟四处飞散，相当于“毒气弹”。

“如何能够彻底解决倭寇呢？”

正处于朝鲜高丽时代的崔茂宣每天都苦恼着这个问题。突然有一天他脑中划过了一个想法，这就是“制造火药武器”。

当时日本海盗团伙（又称倭寇）经常对朝鲜进行掳掠。倭寇经常突然侵入西南海岸的村庄，烧杀掳掠，抢走了许多粮食和家畜。

火药最早发明于中国，但火药的配方此前一直没有流传出去。

崔茂宣当时白天在军器监（主管所有兵器的制造和管理工作的官府）工作，晚上钻研火药的制造方法。但是研究了很久，也没有研究出火药的制作方法。

有一天，崔茂宣遇见了来自中国知道焰硝（火药）配方的李元。他郑重邀请李元到自己家中，向他请教了火药技术。李元感动于崔茂宣的诚意，教授给他焰硝的配方。掌握了焰硝的配方，制作火药就容易多了。

最终，崔茂宣制造出了火药，成了朝廷设立的“火志都监”的负责人。

此后年纪已 50 多岁的崔茂宣不仅制造出了火铳（chòng）和火箭，还制造出了战舰。

就在朝廷设立“火志都监”三年后，载着倭寇的 500 多艘船侵入当时朝鲜的一些粮仓地区，进行掳掠。

哐！哐……

朝鲜军队利用崔茂宣制造的火药武器，瞬间烧毁了倭寇的船只。

此后，每当倭寇入侵，崔茂宣的火药武器都在守卫朝鲜国门时起到了重要的作用。

科学小贴士

火药可用于多种行业。不仅可用于爆破岩石，还用于火箭发射的推进剂，也用于装点夜空的礼花燃放。

蒋英实发明“测雨器”

蒋英实青年时成了官府的奴婢，但他出众的才干，传到了世宗大王的耳朵里。而后，便在世宗大王的庇护下，脱离了奴籍，投身科学研究。1910年日本人和田雄治在朝鲜发现了写有“乾隆庚寅五月造”字样的测雨台上安置的测雨器，断言：朝鲜的测雨器源于中国。

“能知道‘什么时候下雨、能够下多少雨’就好了。如果能够把雨量测量出来，会对农事很有利的。”

接到世宗大王的命令后，蒋英实虽然试图制造出测量雨量的器具，但他却觉得要完成这个任务就像看穿夜空一样艰难。

“如何能够测量出倾盆而下、汇聚成流的雨水呢？”

有一天，蒋英实在雨停后，偶然将木棍插入水坑，“啊哈！”一声感叹后，他兴奋地拍了一下大腿。

“如果在器物中接下雨水，测量雨水的深度就可以啦！”

蒋英实最初用酱缸盖子接雨水来做实验，后来他做出了高约41厘米、直径约16厘米的圆柱形的桶。

从此之后，蒋英实进行了三年的实验，改良了量雨器。他所改良的这个器具高约30 厘米、直径约14 厘米，被称为“测雨器”。据古代朝鲜的纪录来看，这是世界上最早的测量雨量的器具，比西方的测雨器早了好多年。

1442 年，身为上护军（正三品）的蒋英实制作了皇帝的肩舆（yú，肩舆就是轿子）。但是在向宗庙行驶的过程中，因为其中一个轿夫（抬肩舆的人）摔倒，导致了肩舆损坏。蒋英实不仅因此而丢了官职，还锒铛入狱。之后人们就不知道他是如何生活、如何去世的了。

科学小贴士

蒋英实其他的发明器物中，有一种叫自击漏的水表，这种水表是借鉴了中国的水漏制造而成，它可以自动告知时间；还有一种叫玉漏的水表，可以告知天体的运动和季节的变化。蒋英实发明的“测雨器”最早也源于中国。

比克
发明“齿轮钟”

人们平时所用的钟表，每年会有1分钟的误差，这对日常生活是没有影响的，但在要求很高的生产、科研中就需要更准确的计时工具。目前最准确的计时工具就是原子钟，它是利用原子吸收或释放能量时发出的电磁波来计时的。由于这种电磁波非常稳定，因此原子钟的精度可以达到每100万年才误差1秒。

大部分运动的机器中都使用了齿轮。在很久以前，当风车和水车被发现出来以后，它们的转动就用到了齿轮，并由此促进了机械技术的发展。

时钟最初也是用齿轮来制作的。世界上最早制作齿轮钟的人是德国的比克。

1370年，比克受法国国王查理五世的邀请来到巴黎，在宫廷中安装了一个巨大的时钟。

很多人都看到了时钟内部大大小小的齿轮相互连接的样子。

齿轮相互咬合运转，发出“咔嚓、咔嚓”的声音，两个齿轮做旋转运动时，方向永远是相反的。随着齿轮齿数“2、3、4……”的增加，旋转力也跟着增加。根据这个原理，齿轮钟被制作出来了。

齿轮钟发明 100 年左右以后，德国的亨莱思利用金属弹簧制作出了小型钟表。据说，由于这种钟表的价格过高，只有贵族或富豪才使用得起，并将它作为装饰品戴在身上，平民几乎连观赏的机会都没有。

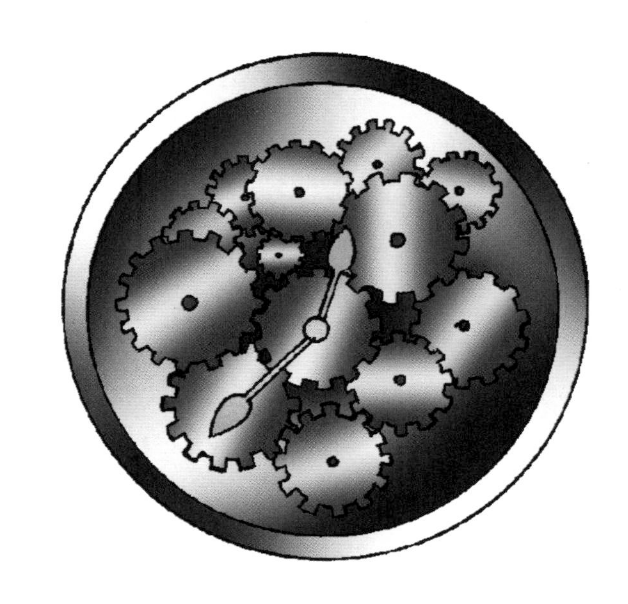

1583 年，伽利略的“摇摆的钟”亮相。

这之后，荷兰的惠更斯制作出了实用的摆钟。

摆钟采用的是“通过使缠绕的发条以一定的速度逐渐解开，以此带动与此相连的齿轮以一定速度旋转”的原理制作而成。

现在，电子表也被人们发明出来了。这种表受到了人们的喜爱。

科学小贴士

现在所使用的电子表是在“液体结晶”(液晶)产生后制造出来的。在外形上，电子表上的时针与分针都消失了；在内部，齿轮也消失了。

到现在为止发现的各种合成液体结晶中，有些液晶甚至具有一万小时以上的寿命。

毕昇
发明“活字印刷术”

科学家沈括的《梦溪笔谈》第18卷中，有着一些有关毕昇的少量记载。不过，《梦溪笔谈》20卷中，还记载了一个毕升，这位毕升既是铁匠，又是冶金能手。

“毕昇”与“毕升”是否为同一人？目前没有材料能证明。因此我们在谈到活字印刷术的时候，就不能轻易写成“毕升”，应该写成“毕昇”。

毕昇出身贫寒，写得一手好字，他是一个善学习、肯动脑、雕版技艺非常高超的工匠，专门从事雕版印刷。手工雕版印刷是一项非常繁重又效率极低的工作。因为要一块一块地把文字刻在枣木或梨木的印版上，一旦某个字出现了错误，这块板就要报废，而无法更改，必须换另一张木板重刻。

另外，这些木制刻板也比较笨重，不易保藏。往往印一本上百页的书，所用的刻板就会占据一间屋子的空间。

一天，毕昇回家后，看到他的几个孩子在玩“过家家”的游戏，他们来回地挪动着那些用泥做的娃娃和家具，并不断地改变家中的摆设位置，这个游戏吸引了毕昇。他想，孩子们可以把玩具挪来挪去，那么，如果把印板上的字做成单个的，不是也可以挪来挪去吗?那不就可以省去很多麻烦了吗？再也不会因为刻错一个字，而换掉一块木板了。

于是，毕昇的脑海里立刻浮现了一连串的想法：古人的印章就是一个个的，把这些印章连起来，那不就是整一块印版了吗？

毕昇立即投入字模材料的思考中，试图找到比木板更好的材料刻制字模，再想怎样把一个个的字模做成一张张的印版。

经过一段时间的反复实验，他决定用胶泥做刻制字模的材料，一个字为一个印模，字模用胶泥做好后用火烧硬，使之成为陶质材料。排版时先预备一块铁板，铁板上放松香、蜡、纸灰等物，铁板四周围着一个铁框，在铁框内摆满要印的字印，摆满就是一版。然后用火烘烤，将混合物熔化，与活字块结为一体，趁热用平板在活字上压一下，使字面平整，便可进行印刷。至此，一种新型的活字印刷术诞生了。

科学小贴士

用活字印刷的这种思想，很早就有了，秦始皇统一全国度量衡器后，陶器上用木戳印四十字的诏书，考古学家认为，“这是中国活字排印的开始，不过未能广泛应用”。古代的印章对活字印刷也有一定的启示作用。

达·芬奇
笔记中的发明

达·芬奇刚学绘画时，老师拿来一个鸡蛋让他画。达·芬奇认为老师小瞧了他。老师意味深长地说："世上没有两个完全相同的蛋，即使是同一个蛋，由于观察角度不同，光线不同，它的形状也不一样啊。"

从此以后，他废寝忘食地练习绘画基本功，为他以后在绘画方面取得卓越的成就，打下了坚实的基础。

有个人身为画家但却发明了许多东西。这个人就是著名画家达·芬奇。

达·芬奇14岁的时候，成为意大利佛罗伦萨有名的画家韦罗基奥的学生，这时正逢文艺复兴时期艺术最发达的时期，而且佛罗伦萨是艺术和学术的中心。

文艺复兴时期的画作是以远近法（表现立体感和距离感的技法）和解剖学（研究生物体内部构造的学问）为基础画出来的。为此，达·芬奇也学习了数学和科学等各种知识来丰富图画和雕刻的表现艺术。

作为文艺复兴时期最有代表性的著名画家，达·芬奇成为米兰和佛罗伦萨的官吏和军事技术人员，并做了很多科学研究和发明工作。

达·芬奇将自己研究发明的东西记到

了笔记中，一直到19世纪都不为人们所知。

当人们发现他的笔记时才知道达·芬奇不仅是杰出的艺术家还是有着独创性的发明家、科学家。

达·芬奇为实现儿时像鸟一样飞翔的梦想，研究了鸟在天空中飞翔的姿态，据此设计出了“飞机”。几百年后，德国工程师和滑翔飞行家奥托·李林塔尔才成功地实现了滑翔飞行。

达·芬奇还画出了降落伞的设计图，而降落伞也是在几百年后才被发明出来的。

科学小贴士

达·芬奇模仿榨葡萄汁的机器制造出了榨油的机器，他还发明了钻地的机器，并用它来挖掘了运河，他还制造了武器。不仅如此，他还亲自解剖了30多个人体标本并留下了正确的草图。

在达·芬奇的晚年，比起绘画，他更加专注于科学或数学的研究。

哥白尼
开创“地动说”

出生于波兰商人家庭的哥白尼10岁丧父，此后他赴意大利留学，攻读医学、神学。但后来他却怀着对数学和天文学特殊的兴趣，进行了相关的研究，并推翻了“天动说”，建立了一种新的学说“地动说”。意大利文艺复兴时期的唯物主义哲学家布鲁诺，由于赞同并坚持哥白尼的学说，被烧死在罗马鲜花广场。

“地动说”是指将宇宙的中心从地球改为太阳的学说。

当时还是科学不发达的时期，人们都迷信“天动说”。即人们认为地球是宇宙的中心并且是不运动的，太阳与行星围着地球运动，最外面的是天体。如果想解释这个学说，要将行星的轨道以很多复杂的圆来表示。

“上帝所造出的宇宙应该没有这么复杂的道理啊。”

哥白尼带着对“天动说”的疑问进行了研究。

“如果地球或其他行星以太阳为中心沿着圆形轨道来运动，地球一天自转一圈，那么就可以简单地解释星星的运动规律了……”

最终哥白尼用数学方法证明了“地动

说”，并在临终前写出了《天体运行论》，扬名于天下。

这个学说否定了当时人们迷信的“天动说”。所以教会禁止出售含有“地动说”知识的书籍，并将其列为“禁书”。但是此后伽利略和开普勒证明了“地动说”是正确的，从此开启了人们新的宇宙观。

科学小贴士

行星是指包括地球在内的水星、金星、火星、木星、土星、天王星、海王星这 8 颗围绕着太阳公转的星星。

当时人们只知道离地球比较近的水星、金星、火星、木星和土星。

伽利略
发现“自由落体运动定律”

伽利略主张“地动说”，罗马教皇厅不顾伽利略68岁的高龄，发出了传唤令。伽利略被担架抬进教皇厅，面临着火刑的危险，他继续主张“地动说”。此后，迫于压力他否认了“地动说”，被囚禁在家中艰难地度过了3年，从而避免了死刑的处罚。

“物体越重下落的速度越快。”

这是亚里士多德主张的观点。虽然很多人都对这个观点有疑问，但始终没有人发现“物体是以什么规律下落的”。当伽利略发现并发表了“无论物体是重还是轻，下落的速度是相同的”的观点时，相信亚里士多德学说的学者们开始刁难伽利略。

伽利略为了证明自己的理论，做了“比萨斜塔实验”。他登上比萨斜塔的顶端，将1000克重的球和100克重的球同时松手，让它们自由下落，结果两个球同时落到了地上。

伽利略出生在意大利西海岸比萨城一个破落的贵族之家，他从小就喜欢数学和手工。

伽利略 17 岁的时候，进入比萨大学，学习神学、医学、科学等各种学问，但是他不喜欢这些不适应时代的学问，因此中途就放弃了学业。

此后他发现了“自由落体运动规律”，又制造了能观测天体的望远镜，用于证明“地动说”。

当时固执地坚持“天动说”的罗马教会视伽利略为异端，让他接受了宗教审判。

虽然由于审判官施压，伽利略发誓不再主张“地动说”，但在出庭时他还在嘟嘟囔囔地说：“地球还是转动的。”

除此之外，伽利略偶然看到教堂天花板上的吊灯摇晃，从中得到启示，发现了“振子的等时性”理论。

科学小贴士

伽利略还有其他很多发明研究成果，这些成果中首先应该提到的是应用于天体观测的望远镜。当时望远镜虽然已经发明出来，但只应用于战争中观察敌军的动向。后来，伽利略用望远镜发现了木星的卫星，因此木星的 4 个卫星又被叫做“伽利略 4 大卫星”。最后应提到的是他还发现了太阳黑子，并由太阳黑子每天的移动规律推断出太阳也是自转的。

开普勒
发现“行星运动定律”

开普勒的老师第谷·布拉赫是丹麦贵族，他从13岁起就对天文十分感兴趣，后来成了著名的天文学家。他在丹麦国王封赏的领地上建立了观天堡天文台，持续进行了20年的天文观测，这些观测纪录为后来开普勒的研究提供了大量有价值的数据。因此可以说开普勒是站在老师的肩膀上取得成功的。

“如果离地球最近的行星的轨道不是圆而是椭圆形，那么就和老师的观测结果正好相符！”

在做著名天文学家第谷·布拉赫的助手时，开普勒认为：假如行星沿着椭圆形轨道运动，那么将会很容易解释原本按圆形轨道运动而很难解释的行星运动规律。

此后他发表了《神秘的宇宙》一文，这是最早从“地动说”的立场上，以数学的方法来说明了行星的运动轨道的论文，引起了整个欧洲的极大关注。

因为这篇论文，他成为当时著名的年轻天文学家。一年后，老师去世了，他继承了老师20多年天体观测的记录，并以此为基础发现了“开普勒三大定律”。

第一定律是“所有行星的运动轨道都

是以太阳为焦点的椭圆”;第二定律是“对于任何一个行星来说,它与太阳的连线在相等的时间内扫过的面积相等”;第三定律是“行星围绕太阳公转一圈所需时间与行星和太阳之间的距离成比例”。

由此他得出了这样的结论:“离太阳比较近的行星公转所需时间比较短，但离太阳比较远的行星公转所需时间要长得多”。公转是指行星围绕太阳旋转一圈。

开普勒出生于德国的一个贫困家庭，并且他的身体非常虚弱。刚开始，开普勒为了成为牧师，进入大学攻读神学，但是在研读哥白尼的天文学书籍时对天文学产生了兴趣。此后,他成为数学和天文学教授,发现了行星的运动规律,还证明了哥白尼的“地动说”。

科学小贴士

行星按特定的轨道围绕太阳旋转。行星旋转运动得越远,它所划过的轨道就越大。

地球公转一圈需要一年即365天，轨道最短的水星公转一圈只需要88天。

吉尔伯特
“地球是磁铁”

吉尔伯特毕业于英国剑桥大学，毕业后成为一名医生，后来却投身于磁铁方面的研究。吉尔伯特在电学研究方面也作出了许多贡献，从而又被称为“电学研究之父”，同时他还是伊丽莎白女王的御医，真是一位难得的全才呀！

“磁针指向北面是因为北极星在牵引，真的是这样吗？”

吉尔伯特读完《自然的魔法》这本书后，产生了这样的疑问。这本书是介绍各种自然现象的科普书籍，书中解释说：“磁针指向北面是因为北极星在牵引。”

吉尔伯特从此就开始专注于磁铁的相关研究。

他在别的书中读到“磁针北极低于水平面”，对这个问题他进行了思考。

“磁针北极的下倾肯定是因为地球内部有决定指针方向的作用力！”

吉尔伯特因此确定了磁针向北不是北极星的原因而是地球内部的作用力，他把这一想法告诉了船员们并虚心向他们请教。

熟知磁铁性质的是经常出海的船员，因为他们在航海过程中确定方向时，要经常使用罗盘。

“请帮我调查一下，磁针北极的下倾程度在不同地点有什么区别？”

吉尔伯特制造了一个以地球为模型的球形磁铁，并观察了磁铁表面各处磁针指向北极时下倾的程度。这个实验的结果与船员调查的结果正好相同。

从此，吉尔伯特确定了“地球是一个巨大的磁铁”这一结论。

科学小贴士

吉尔伯特发现琥珀、玛瑙被摩擦后，可以吸引轻小的物体，他对这一现象进行了细致的研究，并将这种吸引轻小物体的“力”命名为“electricity”（电力）。

许浚
著《东医宝鉴》

韩国的古代医圣许浚著的《东医宝鉴》和我国古代名医李时珍著的《本草纲目》一直被视为中医学的中心。《东医宝鉴》被列入世界记忆遗产名录，韩国文化遗产厅表示，《东医宝鉴》在世界上率先体现出国家对大众提供医疗服务的保健理念，是东亚医学的权威版本。

《东医宝鉴》不仅在韩国发行，还被翻译成日文并出版发行，并且还在中国出版发行过。

从这本书出现到现在已经过了400多年，但在医学高度发达的今天它还被奉为基本的医学著作，这其中的原因是什么呢？

首先从这本书的题目来看，“东医”是指“东边国家的医源”，“宝鉴”是指“就像阳光乍泄，蒙蒙雾气散尽一样，读者能够在翻书过程中将书中内容分肉拆骨，像看镜子一样读懂书中的内容”。

著《东医宝鉴》的作者许浚是一名相当杰出的医生，可以比肩中国最高明的医生扁鹊和仓公。

许浚在古代朝鲜时的宣祖7年医科科举考试中脱颖而出，成为皇室御医，在壬辰倭乱(这场战争由日本的丰臣秀吉在1592年派兵侵略朝鲜引起。朝鲜向当时的中国的明朝皇帝求援,明神宗答应请求,派遣大军救援,中朝军队最终获胜,朝鲜转危为安)时奉宣祖的御旨将宣祖照顾得很好。

许浚对宣祖无微不至的照顾使自己成了护圣功臣,并因此受封于杨平郡,官至崇禄大夫。他奉宣祖"为在战争中、疾病中苦苦挣扎的百姓们写出一本易懂易用的医学书"的命令,开始著书立说。

在写《东医宝鉴》的过程中,宣祖病逝了,许浚因为给宣祖用错药而被流放。但在流放后他依然没有停止写《东医宝鉴》的工作,直到被赦免的那年,他终于完成了25卷的医学名著《东医宝鉴》。

这本书的完成是确立韩医学体系的历史性事件之一。

科学小贴士

《东医宝鉴》分为外科、内科、流行病、妇科、儿科、汤药、针灸等篇,各篇后还仔细记录了不同疾病的用药处方。除韩国以外,这本书还在日本刊行,并在中国(清朝)刊行。此外《东医宝鉴》还传到了当时的西方,被认为是东方医学的经典作品之一。

斯蒂文
发现“小数”

实际上，早在斯蒂文发明小数点之前很久，中国、印度和中亚就已经使用十进分数了，亦即小数。中国魏晋时期刘徽的《九章算术注》中，就运用了十进分数的思想。按刘徽的方法，3.1416 应该写成 3 1/10 4/100 1/1000 6/10000，这还不是小数，但其思想与斯蒂文的小数已经没有多大差别了。

小数是指比 0 大比 1 小的数。

在斯蒂文发现小数之前，人们是用分数来表示比 1 小的数的。分数在古希腊时期就已经开始使用了。

把一个东西分给多个人的时候，用分数来计算就很容易。所以分数一直被使用着，但是在斯蒂文生活的时期常常需要进行复杂的计算。

“借给别人钱计算利息很难算啊。”

还有，在航海时，要进行根据太阳的高度来计算自己所在方位等方面的计算就很复杂，这时使用分数就相当不方便。分母不同的分数就之间的加法和减法都很难计算，乘法运算后，分子或分母的位数总会增加。

斯蒂文成为数学家之前，在商店工作

时就发现了使用分数的烦琐。所以他开始研究计算更为简便的方法。

"如何才能让计算变得容易简单呢？"

有一天斯蒂文经过思考有了一个新发现。

"如果只用分母为10、100、1000……的分数进行计算就会简单很多。"斯蒂文发现了这个现象之后就深入地进行研究，最终发现了小数。

此后斯蒂文成为运河工程的监督官员，并在莱顿大学建立了工学系，历任陆军主计总监（会计总监）等职，就这样斯蒂文跨领域地活跃在各个方面。

科学小贴士

小数中包含有限定位数的小数（有限小数）和无限定位数、数字连续的无限小数。

无限小数中，有特定相同的数字重复出现的情况，人们便将这种小数叫做无限循环小数。例如，0.123123123……是因为123不停地循环，所以叫做循环小数。这时在循环部分（循环节）的两端数字上，点上点来表示循环小数。

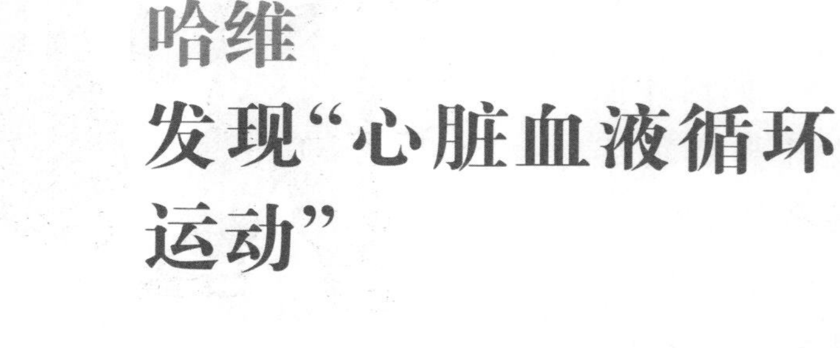

哈维 发现“心脏血液循环运动”

在古代，著名学者、哲学家亚里士多德的言论，被誉为仅次于神的权威，不容置疑。他对于人的血液循环毫无认识，因而十分错误地提出人体内(血管内)充满着空气。这种错误的说法一直延续了下来，哈维通过解剖多种动物，终于发现其实心脏像一个水泵，把血液压出来，使血液流向全身。

“血液是如何流动的呢？”

哈维专注到了这个领域的研究上。仔细研究了心脏和血管的构造后，哈维通过动物实验研究了心脏的作用。

“心脏每小时要推出3倍于体重的血液量啊。肝脏无法制造那么多的血液啊！”

人们从古希腊时期就认为“肝脏源源不断地提供血液，动脉血和静脉血是各自不同的种类，像海水涌来涌去一样，流向整个身体。”

但是哈维怀着对这种理论的疑惑，进行了各种各样的实验。

有一天，哈维将鹿的一条腿的血管扎上，发现靠近心脏的动脉中和离心脏较远的静脉中血液聚集，血管肿起。

通过这个实验，哈维最终得出了以下结论。

第一，身体的血液循环是由心脏流出，最终再流回心脏的循环运动。

第二，心脏用跳动的力量使血液持续地流动。

哈维在28岁时首次发表了论文《血液循环论》，之后通过努力的研究和实验，到50岁时才整理出自己的研究成果，撰写出《心血运动论》一书。

哈维还曾是英国国王查尔斯一世的御医，并主张“一切动物都来自卵”，这种观点，颠覆了动物的自然成长论。

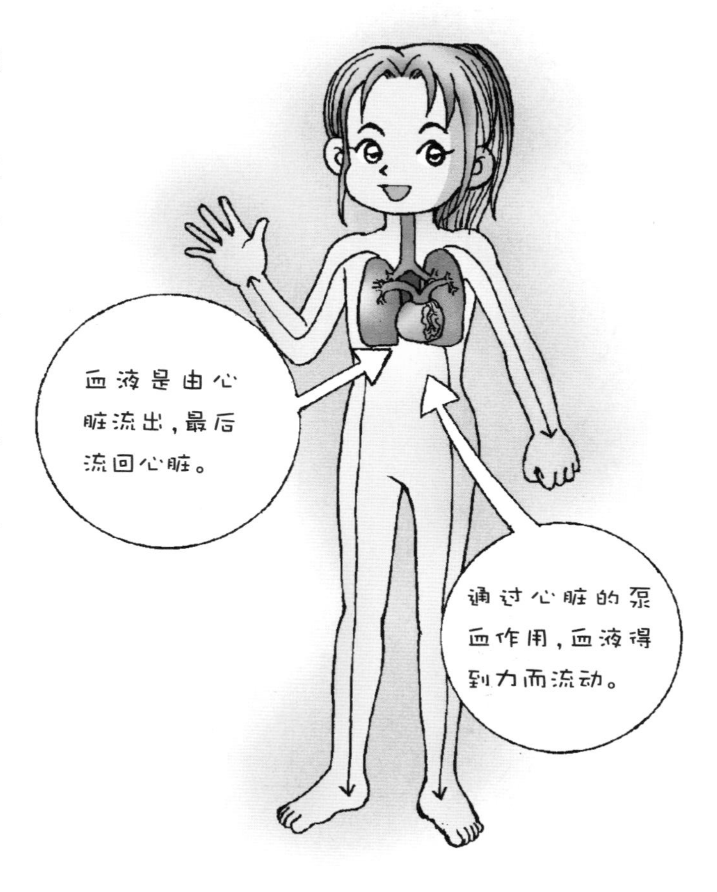

科学小贴士

我们身体中的血液总量相当于体重的7%~8%。这些血液是由大约300克重、成人拳头大小的心脏通过泵血功能来流向身体的各处。

因为心脏用很强的力将血液推出，所以流过全身的血液回到心脏所需的时间不到一分钟。

笛卡儿
完成“解析几何学”

笛卡儿是天主教徒，他虽然不是那种狂热分子，但他始终坚持着自己的信仰，有意思的是，“30年战争”期间，他一会儿加入天主教军队，一会儿加入新教军队，是不是有点不可思议！

“我思故我在。”

以此为根本原理来认识各种事物的法国哲学家笛卡儿十分著名。笛卡儿既是哲学家也是著名的数学家和科学家。

笛卡儿的学术成就非常高，身为哲学家，他奠定了近代哲学的基础；身为数学家，他是最早设想“解析几何学”的人。

出生于法国贵族家庭的笛卡儿在1617年加入荷兰军队，成了一名军官，之后赴德国参加了“30年战争”（“30年战争”是欧洲宗教改革后教派斗争加剧的结果，德国是主战场之一）。

此后重新回到巴黎的笛卡儿将几何和代数合并完成了“解析几何学”，他还发现了“光的曲折规律”。

笛卡儿从1628年开始便滞留在荷

兰，在那里，他主要从事学问的研究工作。

笛卡儿在1637年发表了3篇论文《折光学》、《气象学》和《几何学》。

笛卡儿始终认为“学问要在确定根据的基础上形成”。

一旦以确定的方法怀疑一切事物的存在时，就不用怀疑“我在这里”和“怀疑我的存在”。所以他确立了“我思故我在”的哲学思想。

这种哲学思想不仅影响了哲学领域，还极大地影响到了其他学术领域。

科学小贴士

解析几何学作为数学的一部分，是将代数学和研究图形学问的几何学结合起来的一种学问。

解析几何学，从古希腊数学家到17世纪的费马都曾做过解释，但直到笛卡儿时期才被正式创立，并在1637年作为一个独立学科而形成了体系。

帕斯卡发现"帕斯卡原理"

帕斯卡很小时就精通欧几里得几何，12岁独自证明出欧几里得的"三角形的内角和等于180°"后，开始师从父亲学习数学。17岁时帕斯卡写成了数学水平很高的《圆锥截线论》一文，著名科学家笛卡儿甚至不相信一个孩子能够写出来这样的书。但遗憾的是，帕斯卡丧父后，便在科学上罢手了，只倾力于思索和宗教活动。

"托里拆利做了水银柱实验？"

得知意大利物理学家托里拆利的实验消息后，帕斯卡也开始倾力研究大气压。在研究的过程中帕斯卡产生了这样的想法："如果在山脚下的水银柱比在山顶上的水银柱低，那么一定是有什么东西在压着水银柱！"帕斯卡认为这就是大气的压力。

想要证明这个推理，就要爬到山顶亲自试验，但由于帕斯卡身患疾病，不方便移动。因此他拜托妹夫帮他到山顶做实验。最终这个实验成功了。

帕斯卡原理的内容是"向密闭的流体（液体、气体）一部分施加压力，这个压力会向流体内各个方向传递同样大小的力。"

帕斯卡生于法国，从小就对图形很感兴趣，并在12岁时就独自证明出了定理

“三角形的内角之和为 180°”。在这之后，帕斯卡做了大量的数学研究,还在 23 岁时制作出了手动计算器。计算器是他看到从事税务工作的父亲为计算而头疼，特地为父亲制作的。

原本身体就弱的帕斯卡由于太热衷于计算器的制作而忽视了健康,之后只能长期地疗养。但是他不顾这些,又进行了大气压的研究并说明了其原理。

科学小贴士

根据帕斯卡原理，在水力系统中的一个活塞上施加一定的压强,必将在另一个活塞上产生相同的压强增量,如果第二个活塞的面积是第一个活塞面积的 10 倍,那么作用于第二个活塞上的力将增大为第一个活塞的 10 倍,而两个活塞上的压强仍然相等。水压机就是帕斯卡原理的实例。

玻意耳
发现“玻意耳定律”

玻意耳参加了一个叫“无形大学”的团体。这个团体是伦敦的科学家们为了研究“对人们健康和生活有利的新型科学”而组成的团体。这个团体后来改名为“皇家学会”，成为欧洲科学研究的中心，玻意耳也成为这个学会的核心成员。

托里拆利是伽利略的学生，他在细长的玻璃管中放入水银然后将玻璃管放入装满水银的容器中，玻璃管的上端，形成了真空状态。由此打破了“世界上没有真空”的旧思想。

“我也做这个实验看看！”

玻意耳重新做了一遍托里拆利的实验。在实验的过程中，玻意耳发现了一个重要的现象。

“原来空气有弹力，所以用力压就能将很重的水银抬起来！”

有个学者耻笑波意耳的发现。

“像空气一样轻的东西怎么可能将很重的水银柱抬起来啊？没有这个道理。”

玻意耳又做了一个实验：向一边密封的J型长玻璃管的开口一端倒入水银的

同时，测定密封一端的空气。

这时玻意耳得出了“水银的量(压力)变大，空气的体积就会变小(反比关系)”的结论。

玻意耳一生没有结婚，独自生活的他持续地进行着科学研究，他还发表了有关“金原子”的关键理论等，留下了许多宝贵的研究成果。

科学小贴士

托里拆利在一端封闭、长约1米的玻璃管中放满水银，用手封上开口的一端，使其不漏气，再将玻璃管倒着放入装满水银的容器中，然后松开手。这时玻璃管中的水银面大概停留在760毫米的位置。这是在空气作用下容器中的水银被管中的水银柱顶起的原因，这时玻璃管上端产生的真空被叫做“托里拆利真空”。

牛顿 “万有引力”大发现

牛顿18岁进入了剑桥大学学习。在那里牛顿的才能被教授们承认,并在那里进行数学和光学研究。1667年,他在剑桥大学被任命为最具荣誉的讲座——卢卡斯讲座的教授。我们熟悉的史蒂芬·霍金是今天除牛顿之外最著名的卢卡斯讲座的教授,他是爱因斯坦之后引力物理学方面的最大权威。

“哦?那个苹果为什么会掉落呢?”

牛顿在故乡的果树园看到苹果掉落到地上,产生了疑问。

“苹果从上往下落。但是如果我在地球的反面,那么苹果就会从下往上落。”

“所以苹果可以看成是地拉动的。”

“那么这是地拉动物体力的证据。”

“地就是指地球。”

“一定是这样的!地球有拉动物体的力。地球拉动月亮,所以月亮围绕着地球转动。”

“像这样太阳也拉动着地球,所以地球也围绕太阳转动。”

牛顿根据这种想法完成了“万有引力定律”的论证。

有一年,鼠疫在英国流行,所有学校

关门停课。

牛顿回乡避疫一年半，在躲避鼠疫的期间他有了3个大发现。

第一，他发现了“微积分学”的数学理论；第二，发现了“运动定律”和“万有引力定律”；第三，发现了“光的本性”。

牛顿的一生有许多重大发现，他可以有如此多的重大发现是因为他一抓住某些想法，无论过多长时间，一直集中思考，直到解决为止。并且由于在故乡休息的时候，思考的时间多了起来，而有了更多的发现。

科学小贴士

“运动定律”和“万有引力定律”的适用范围非常广，从地上的物体到天体都是适用的。

利用这两个规律，就可以回答卫星的运动、彗星的运动、海水的潮起潮落等地面和宇宙中发生的所有运动现象。

胡克
发现“弹性定律”

弹性定律也叫胡克定律，实际上早于胡克1000多年，中国东汉的教育家和经学家郑玄已经正确地揭示了力与形变成正比的关系，只是现在的学界已经习惯将弹性定律认定为是胡克发现的。

“弹簧产生的力和拉伸的长度成正比。弹簧拉伸的越长，它产生的力就越大。”

这就是胡克著名的“弹性定律”的内容。这个规律是胡克在查阅皇家学会的资料时发现的。

胡克出生于多佛海峡威特岛的一个牧师家庭。他从小就身体虚弱，加上没有合理的营养膳食，所以脊柱弯曲了。

大学毕业后，他成为科学家玻意耳的实验助手，从而进入了当时有名的那个“无形大学”科学家集团。胡克制造出的空气泵，为玻意耳的研究提供了便利。

皇家学会成立后，胡克成为实验主任，在此期间他发明了复式显微镜，并将以此观察到的图片收集起来，在1665年发表了著作《显微图集》。在这本书的最后部分，附上了“跳蚤的扩大图”，这张放大了的跳蚤图引起了人们极大的兴趣。

“哇，用肉眼看不清的跳蚤也很壮观啊！”

1666 年，伦敦发生了一场罕见的大火灾，几乎将所有街区都烧毁了。

胡克和他的朋友伦恩（伦恩是当时有名的建筑学家）一起进行城市规划设计，在被烧毁的城市的原址上重建了家园。

此外，他还发明了像测定某物件水平位置或垂直位置的水平仪，还有气压计等 1000 多种器具。

科学小贴士

胡克设计出了显微镜的照明装置，直接用改良的显微镜细致地观察了动植物。他在观察软木雕刻的时候，观察到了植物的细胞构造，并且首次科学地观察了化石，论证了化石来源于动植物的理论，他还论证了化石产生的过程与地球的历史相关的理论。

莱布尼茨
手动计算器的发明

莱布尼茨觉得学者们各自独立地从事研究既浪费了时间又收效不大，因此他热心地从事于科学院的筹划、建设事务。当时全世界的四大科学院：英国皇家学会、法国科学院、罗马科学与数学科学院、柏林科学院都以莱布尼次为核心成员。据传，他还曾经通过传教士，建议中国清朝的康熙皇帝建立科学院。

被誉为“电子大脑”的计算器无论多么复杂的计算都能很轻易地在短时间内算出正确的答案。光在眨眼的瞬间可以围着地球转七圈半，这么快的速度也被应用到了电子计算器上。

电子计算器由数百万个零件组成，人们只要一按数字键就可以传递电子信号并进行计算。

1642年，帕斯卡发明了用齿轮制作的计算器后，莱布尼茨又发明了能够进行加法、减法和乘法、除法计算的手动台式计算器。

身为数学家、哲学家和外交官的莱布尼茨被誉为天才。他与牛顿一同奠定了微积分学的基础，并且是“行列式理论”和“符号逻辑学”的先驱者。

现在使用的电子计算器在太空旅行和太空探索等宇宙开发方面起着不可替代的作用。

我们经常使用的电子计算器由于半导体的发明与应用，其体积逐渐地变小。

科学小贴士

最悠久的计算工具可以说是中国商朝时期就开始使用的算盘了。之后法国的帕斯卡和德国的莱布尼茨发明了计算器。据说，在1830年，英国的巴贝奇制造出了与今天用的计算器相近的电子计算器，但是当时没有被众人认可。

富兰克林
闪电的克星“避雷针”

富兰克林出生在美国波士顿,17 岁时中途退学,在哥哥经营的印刷厂中工作。后来富兰克林与哥哥意见不合,独自到费城建立了印刷厂。此后富兰克林到英国留学并发行报纸,又最早在美国发行了杂志,同时他热衷于自然科学并制造出了避雷针。

“听说发生了落雷事件。”

雷电交加的暴雨过后的第二天,人们惶恐不安,总是说这样的话。当时落雷是指“闪电”的意思。

这个时期闪电的肆虐非常严重,危害很大,严重地影响了人们的生活和生产活动。“咔嚓”一下,闪电过后或是建筑物被破坏,或是有人受到伤害。

“闪电的真实面目到底是什么样的呢?它为什么会有这么大的危害呢?”

人们无法弄清楚看不见摸不着的闪电的真实面目。

富兰克林陷入了深深的思考之中,他确信“闪电的实质是电”,同时他认为:尖的物体容易吸收电。

1752 年夏天,富兰克林做了一个测试

闪电的实验，他将风筝放入了天空。风筝的顶部粘着一个长 30 厘米的尖尖的铁片。

一段时间后，天空下起了雨，雷电交加，风筝的一端受到了极大的闪电冲击。

“是啊！如果在建筑物上面放上尖尖的铁片，铁片吸收了闪电后，建筑物就不会再受到闪电的危害了。”

富兰克林终于发明了可以避开闪电的尖铁片“避雷针”。

闪电通过避雷针被导入大地，因此高塔或高层建筑物就安全了。

富兰克林发明了避雷针后，把人们从对闪电的恐惧中彻底解放了出来。

科学小贴士

因为人体非常容易导电，所以被闪电击中会相当危险。因此在有闪电的时候，最好躲入建筑物中，或躲入汽车中。如果被闪电击中，可能会被烧伤或呼吸停止、心脏停搏，这时人工呼吸是最合适的抢救方法。

林奈
发现“植物分类法”

林奈出生于瑞典牧师家庭，从小就喜欢采集植物和制作标本。因为过于贫困，林奈曾用树皮堵住鞋上的洞，而后继续穿这样的鞋。这种贫困的生活反而更激发了他学习和做科研的决心。

“啊，原来植物也有雌雄之分啊！”

林奈读了法国植物学家的报告，知道了植物中也有雌雄的区别，只有花粉粘到雌蕊柱头上才能产生种子。

林奈在28岁获得医学博士学位，那一年，他在朋友的劝说下写了《自然的体系》一书。

这本书描述了许多种知名的动物、植物、矿物的系统分类方法，其中植物的分类法对后人的影响最深。

读过法国植物学家的报告后，林奈在写这本书的时候，明白了“不仅动物，植物也是通过雌雄的结合来延续子孙的。”他先根据雄蕊的数目对植物进行分类，然后根据雌蕊的数目对植物分类。

林奈在分类的时候，依据系、纲、属、

种的顺序，先大致分类之后，再详细分类。他写出了更详细的分类法。

他用罗列植物属和种的双名制命名法来命名植物的名字。这样易懂的植物分类法对当时的科学家起到了很大的影响，并奠定了现在分类学的基础。

林奈求学时期生活得十分艰难，但他后来娶了家境富裕的医生莫莱的女儿，从而得到资助可以继续学习，并取得了医学博士学位。

1741 年成为大学植物学教授的林奈，得到了欧洲主流植物学家们的尊敬，被人们称为“现代生态学之父”。

科学小贴士

植物是生物界中的一大类，一般有叶绿素，没有神经，没有感觉，能够进行光合作用，从而独立地获取营养。地球上的生物大体上可以分为动物、植物和微生物，动物和微生物中都没有叶绿素，所以无法进行光合作用。因此动物通过吃掉植物来得到营养，微生物也是依存动植物生长。所以植物是生物营养的源泉，它对各种生物的生长都起着重要的作用。

赫顿
“火成论”推翻“水成论”

24 岁的赫顿在父亲去世后继承了家里的农场。为了学习农场的经营方法，他游览各地，游览途中对矿物和地质产生了兴趣，这为他以后的科研工作打下了基础。

赫顿在研究了地质学之后，发现主张所有岩石都是从大海中产生的“水成论”是错误的学说。

“岩石分为沉积岩、岩浆岩和变质岩。沉积岩是陆地上的尘土或岩石的碎片在风雨和水流的作用下，经过长时间向大海运送，在海底积聚成堆从而逐渐变密而形成的岩石。这些岩石由于地球内部的热量和压力的作用隆起成为新的陆地或山脉。岩浆岩是地球中熔化的岩浆向地表喷射而出所形成的。这种活动重复发生多次，从而形成了我们今天所看到的地形地貌。”

赫顿认为这种现象未来还会继续不断地重复。

他举出了歪斜的地层、岔开的地层，

还有一个岩石层中会夹着其他种类的岩石等事实作为证据。

强烈的好奇心和探索精神成为赫顿研究地质学的动机。

“使地层产生这么大变化的巨大力量是‘地球中的巨大热量’”。

他在皇家学会发表了这样的言论。

赫顿在经营农场一段时间后，就回到爱丁堡潜心研究地质学，1795 年他写出了《地球论》（两册）。

这本书的第三册在他过世 100 年后才被出版。

赫顿的理论在当时并不被人们接受，在很长一段时间之后才被承认。他还提出了“地质循环”的概念，这是他对地质学的又一个重要贡献。

把自己毕生精力都投入科研事业的赫顿一生未曾结婚，1797 年，他病逝于爱丁堡。

在 18 世纪，主张“水成论”的魏尔纳和主张“火成论”的赫顿曾有过一场激烈的论战。

“水成论”认为岩石是在原始海洋中沉淀而形成的学说。“火成论”认为地下的岩浆钻进地层冷却凝固成了像花岗岩一样的岩石，同时熔岩流出凝固形成了岩石。现在被众人承认的是“火成论”。

张衡
发明“地动仪”

一天晚上，小张衡仰着头数星星。他对爷爷说：“有的星星在移动，它们是不是在跑动啊？”爷爷说：“星星是会移动的，你要认识星星，先要看北斗星。到天快亮的时候，北斗星就会翻一个身，倒挂在天空中……”

北斗星为什么会这样转来转去呢？他带着这个问题，看天文书去了。

张衡是一位具有多方面才能的科学家。他的成就涉及天文学、地震学、机械技术、数学、文学艺术等许多领域，有过许多科学发现和发明。

张衡还测定出地球绕太阳一圈所需的时间是“周天三百六十五度又四分度之一”，这和近代天文学家所测量的时间365天5小时48分46秒的数字十分接近，说明张衡对天文学的研究已经达到了比较高的水平。

中国东汉时期，洛阳和陇西一带，共出现过33次地震。有一次，洛阳和其他地区连续发生了两次大地震，这促使张衡加紧对地震的研究。经过不断的努力，他终于发明并制造出了中国第一架测报地震的仪器——地动仪。

张衡制造的这台地动仪，相当灵敏准确。有一天，地动仪精确地测出距离洛阳1000多里的陇西发生地震，表明其精密程度达到了相当高的水平。欧洲制造出类似的地震仪，比张衡要晚1700多年。

地动仪复原模型

张衡还制造了世界上第一架能比较准确地表现天象的漏水转浑天仪，第一架测试地震的仪器——候风地动仪，还制造出了指南车等。

张衡一生为中国的科学文化事业作出了卓越的贡献，是中国古代伟大的科学家之一。他谦虚谨慎、勤学不倦，几十年如一日，在所从事的事业中表现出了一丝不苟、精益求精、勇于进取的研究风格，而他不慕名利的高尚品德更值得我们学习。

科学小贴士

地动仪形似酒樽，上有隆起的圆盖，仪器的外表刻有篆文以及山、龟、鸟、兽等图形。仪器的内部中央有一根铜质“都柱”，柱旁有八条通道，称为“八道”，还有巧妙的机关。樽体外部周围有八个龙头，按东、南、西、北、东南、东北、西南、西北八个方向布列。龙头和内部通道中的发动机关相连，每个龙头嘴里都衔有一个铜球。对着龙头，八个蟾蜍蹲在地上，个个昂头张嘴，准备承接铜球。当某个地方发生地震时，樽体随之运动，触动机关，使发生地震方向的龙头张开嘴，吐出铜球，落到铜蟾蜍的嘴里，发生很大的声响。于是人们就可以知道地震发生的方向。

卡文迪许
可燃气体“氢气”

英国化学家卡文迪许出生于法国的贵族家庭，毕业于剑桥大学，并将一生奉献给了化学研究。

他性格孤僻，很少与外界来往，终身未娶。他在化学、热学、电学、万有引力等方面有很多成功的实验研究，被誉为是“化学中的牛顿”。

有一次卡文迪许看到了经常饮用的自来水后吓了一大跳。因为水的颜色太过浑浊，他叹息“怎么能喝这种水呢！”

试着将水烧开后，卡文迪许再次被吓了一跳。

“像头屑一样的残渣漂起，然后全部水分都蒸发掉，容器底部只剩下了石灰般的粉末！”

卡文迪许觉得奇怪，重新在水中放入了石灰石，结果出现的白色沉淀比普通水中更多。

“煅烧石灰石会出现酸性气体吗？”

他重复地做试验，最终发现了制造二氧化碳的方法。

此后，氢气的发现者普里斯特利在研究氢气的过程中，将氢气占 3 成，普通空气占 7 成的气体点燃，随后产生了巨大的爆炸。

他将此现象向卡文迪许提及。

“烧杯内沾有水珠啊。不知道是不是氧气和氢气结合产生的？”

卡文迪许重新做了一次实验，结果发现氢气与氧气结合就会出现水。

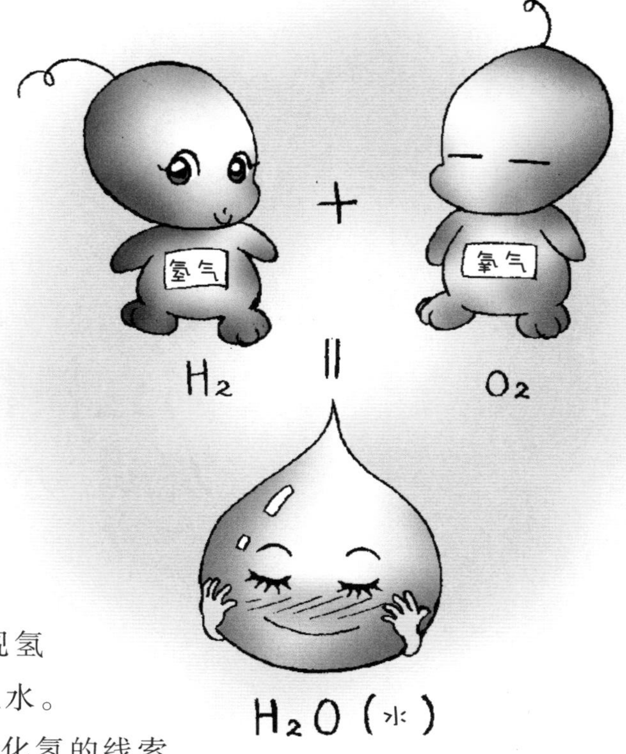

氢气又成为发现氯化氢的线索。

卡文迪许还发现了，若是掺入特定比例的氢气，并不会爆炸，只会燃烧。他还制出纯氧，并确定了空气中氧、氮的含量。鉴于他在化学领域的贡献，人们称他为“化学中的牛顿”。

科学小贴士

氢气是在常温状态下无色无味的气体，与石油化学工业相关的各种氢化反应、燃料电池、金属的熔接及截断等都要应用到氢气，液体氢气还是低温实验用的冷却剂，特别是在释放能量方面受到了瞩目。因为与其他化石燃料相比，氢气的储存量几乎可以说是无限的，它燃烧后的产物是水，因此也不会污染环境。但是目前氢气还没有进入大规模的应用阶段。

阿克赖特
发明“水力纺织机”

阿克赖特是贫穷的农夫的儿子，没有正式上过学。他在7岁时就到理发店工作，在18岁时就独立成立了一家理发店。他发明水力纺织机之后，赚到了很多钱，并在1786年得到了骑士爵位的荣誉。

18世纪中叶的英国，各种机器相继被发明，从而产生了用这些机器来工作的工业革命。阿克赖特就是这一时期为工业革命作出一部分贡献的人。

阿克赖特所生活的兰克夏地区棉纺织行业很发达。所以他对纺织机制造十分感兴趣。

“如果改良纺织机就可以大大地提高效率……”

阿克赖特有了这种想法。

这时棉纺织行业中应用最广泛的是哈格里夫斯纺织机。

阿克赖特改良了这种纺织机，发明了使用水碓(duì)的水力纺织机。

阿克赖特在1769年取得了专利权，并在1771年成立了纺织工厂。此后他又将水力纺织机逐步改良，用1台水碓运行了7台左右的纺织机。

“啊,太壮观了！用一台机器就可以轻松制造出500人做出的纱线啊。”

人们咋舌。

但是因工厂使用机器而丢掉职位的很多手工纺织工人没有罢手。期间发生了工人们

袭击阿克赖特的工厂,并毁坏机器的事件。

阿克赖特还被控告模仿抄袭别人的发明。但是专利权无效的判决下达时,阿克赖特已经赚了很多钱了。

之后,瓦特发明的蒸汽机也被用在了阿克赖特的工厂中，工作效率得到了极大的提升。

科学小贴士

纺织是指加工纤维、制造纱线的工作。人们先使用天然纤维或化学纤维制造成短纤维，再将它拉长捻成纱线。即,纺织的原理是反复做排列纤维,再捻起来的作业,最终织出纱线。并且要根据不同纤维的特性来使用各自不同的纺织方法。

瓦特
改良“蒸汽机”

有一天，小瓦特在家里看见一壶水开了，蒸汽把壶盖冲得噗噗地跳。他目不转睛地凝视着壶盖，苦思冥想其中的奥秘，一直看了一个多小时。由于他常常会对一些自己不理解的现象长时间地默默观察，因此人们说他是个“懒孩子”，但正是由于这种好奇心和寻根问底的精神，引导他去探索世界的种种奥秘，攀登科学的高峰！

“请帮我修一下这个。”

1763 年在格拉斯哥大学有人向大学机械修理工人瓦特嘱托着。那是一台纽科门蒸汽机的模型。

“用这种蒸汽机不能使活塞快速运动，还会损失很多热量。”

瓦特在修理纽科门蒸汽机的时候，想做出一种更实用的蒸汽机。

此后，他潜心学习，在布莱克教授的指导下，研究蒸汽机的原理和构造。

1765 年，瓦特最终做出了改良型蒸汽机的模型。

这种蒸汽机改良了纽科门蒸汽机的缺点，装置将蒸汽从汽缸（为了活塞往返运动而制造的空心圆筒状物体）中抽出，流到装水处冷凝的分离冷凝器，从而使活塞回转时也能够使用蒸汽。但是要将其做成实际上可用的机器，还有很长的路要走。

瓦特在资本家罗巴克的资助下，继续研究，并在1774年造出了实用的蒸汽机。

当时是英国工业革命的初期，虽然已经应用了蒸汽机，但是其力量太弱，无法提高效率。在这样的背景下，瓦特发明的改良型蒸汽机，受到了市场的青睐。

瓦特发明的蒸汽机不仅应用于纺线的纺织机和织布的纺织机中，还作为工厂所有机器的动力源使用，并成为工业革命的动力源。蒸汽机还被用于火车、船和汽车等交通工具上。

科学小贴士

蒸汽机是利用水蒸气，将热能转化为机械能的装置。16世纪以来，种类繁多的蒸汽机相继被研制出来，但最早被应用的是纽科门蒸汽机。它在1705年应用于矿井的排水泵。

赫歇尔
发现天王星

因为望远镜太贵，赫歇尔无力购买，所以自己亲手做了一个。有时为了磨制望远镜上的反射镜，他甚至16个小时一动不动，妹妹便不断地往他嘴里喂食物。

他制造的望远镜在当时可以说是最好的，因此很多人都请他帮忙制作望远镜。如果包括帮别人制作的望远镜，他一生共制作了430台望远镜。

“哦？双子座附近怎么有一颗暗淡的星星呢？”

1781年3月13日夜晚，赫歇尔用望远镜观察夜空的时候，发现了一颗不知名的星星，他推断或许是彗星。彗星专家观察计算后，发现这颗星不是彗星，而是土星外面的一颗尚未被发现的行星。那个星星名字后来被命名为“天王星”。

到天王星被发现为止，人们还只知道地球和水星、金星、火星、木星、土星6个行星。因为发现了新的行星，赫歇尔的名字立刻扬名于天文学界，并每年都从国王那里收到奖金。

赫歇尔出生于德国汉诺威，因为小时候琴弹得很好，所以就梦想将来能够成为音乐家。他还喜欢观察夜空中的星星。后来，赫歇尔到了英国并开始观察天体。

赫歇尔利用自己制作的望远镜发现了天王星。从这时开始，他下定决心成为一个真正的天文学家。赫歇尔兄妹一同搬到伦敦郊外，制造了一台很大的望远镜，并每天观测天体。赫歇尔用望远镜数星星时，妹妹卡洛林负责记录。

赫歇尔不仅观测了行星，还观测了所有的星星。并且发表了有关宇宙的理论：宇宙是沿着天上的河（银河），像扁平状圆盘一样拉开的星系宇宙。他最早发现了银河系像透镜一样，是圆盘状的。

赫歇尔在84岁的时候逝世，妹妹继续观测天体，在98岁离开人世。赫歇尔的儿子约翰·赫歇尔也成了天文学家，并在1864年制作出“星云、星团表”，这里汇聚了父亲观测的2500个星星和他自己观测的2579个星星。

科学小贴士

星系是构成宇宙的一个单位，是由数千亿以上的星星、弥漫星云、暗星云等形成的大集团。

所属太阳系的银河系是星系中的一个。以形态来分，星系可分为椭圆星系、旋涡星系、棒旋星系和不规则星系4种，后来又追加了透镜状星系。

用肉眼能看到的星系只有在北半球的仙女座大星系，在南半球的大麦哲伦星系和小麦哲伦星系。

勒布朗
制作苏打的“勒布朗法”

1790 年 3 月，勒布朗找到了巴黎的一个律师。

“律师先生，请将这个包袱保存 50 年。”

66 年后，法国科学院的学者们在这个包袱中发现了有关制碱方法的资料。

“勒布朗法”是制碱（碳酸钠、俗名苏打）的一种方法。在高温中，使硫酸和食盐反应制出硫酸钠，然后再加入煤粉、石灰高温加热，经过化学反应就可得到碳酸钠。

1790 年法国化学家勒布朗发明了这种制造碳酸钠的方法：勒布朗法。

勒布朗在巴黎学习化学和医学后，成了一名医生，但是后来他进行化学研究，走上了发明苏打之路。

还有比他早 10 多年就提出制碱方法的人。由于在同西班牙之间的战争中，肥皂原料海草的收购受阻，法国政府悬赏 2400 法郎欲求会制碱之人。当时身为巴黎教师的马拉美应征制碱方法被采纳，但由于耗费过多没有实施。

勒布朗发明了新的制碱方法之后，在世界上建立了最早的制碱工厂。

但是法国大革命之火熊熊燃起，国王被判死刑，贵族不是被杀死就是被流放。新政府为了各种化学工业的发展，急需苏打。政府逼迫勒布朗将他的制碱方法无偿地公布出来，这让他陷入了困境。

后来，勒布朗的财产被没收，彷徨的他用绳子结束了自己的生命。

此后比利时的化学家索尔维在勒布朗制碱法原理的基础上，在 1861 年发明了使用食盐制造碱的新方法。这种新式方法被叫做“索尔维法”或“氨碱法”。

从此碱可以通过工厂涌向世界各地，索尔维也积聚了大量的财产。他将这些财产都用在了慈善事业和教育事业上。

不管怎样，勒布朗发明“勒布朗法”，为近代化学工业立下了很大的功劳，并与索尔维一同成为了之后引起肥皂工业革命的主人公。

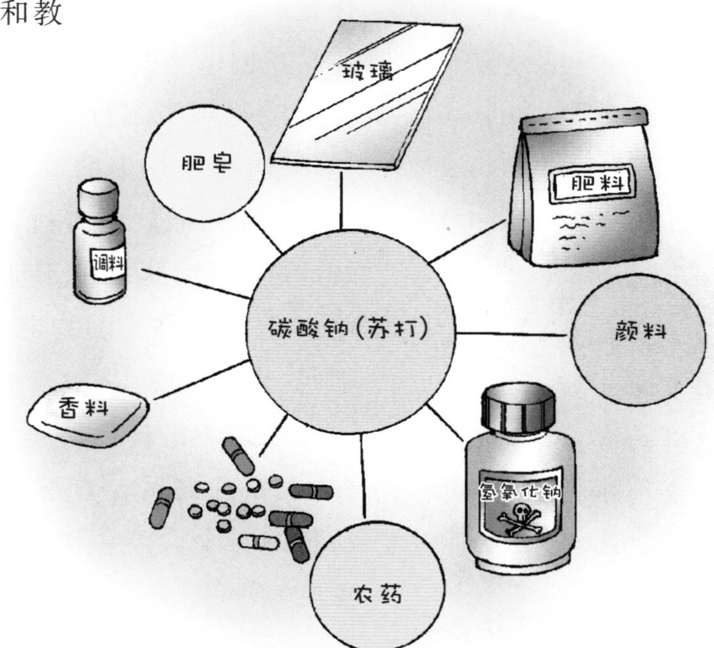

伏打
发明“伏打电池”

自然界中有许多生物都能产生电，仅仅是鱼类就有500余种。人们将这些能放电的鱼，统称为“电鱼”。电鱼放电的奥秘究竟在哪里？经过对电鱼的解剖研究，终于发现在电鱼体内有一种奇特的发电器官，这些发电器还由许多叫电板或电盘的半透明的盘形细胞构成。伏打就是以电鱼的发电器官为模型，设计出了世界上最早的电池。

当意大利物理学家伏打做有关电的实验的时候，对贾法尼主张的理论产生了怀疑。

开创电生理学的贾法尼做了“青蛙腿实验”，受到了瞩目。他的主张如下：

“两块铁片中的一块铁片放到青蛙脊柱上，另一个放到青蛙腿上，便会看到青蛙的腿发抖，这是由于动物的腿上会产生电。”他将其称为动物电，并开创了一门新学问：电生理学。

对此，伏打提出了反对意见，他说：“放上铁片之后，青蛙的腿发抖不是因为动物的身上会产生电，而是铁片自身会产生电。”

专注于电实验的伏打最终在1799年首次制造出了电池。这种电池就是用两种不同的铁片制造而成的，当时被叫做“电极棒”或“伏打棒”。

伏打将铜板和锌板放在盐水中，使金属两端生成电。为了使电流强度变大，他继续研究改良“伏打棒”的方法。

结果，使用装有盐水的杯子制造出了电流，这被叫做“杯的王冠”。但是他在实验中总无法产生连续不断的电流。

伏打经过持续不断的深入研究，最终在1800年，他知道了用稀硫酸来获得电流。这是能够维持几分钟的电流。此后，他不断提高实验效果，并发现了电池的原理，做出了著名的伏打电池。

电压的单位“伏特”就是为了纪念伏打而命名的。

科学小贴士

伏打长期致力于研究气体的性质，同时他还研究了电现象，发表了论文《论有关电气化的人力》。

然后因为发明了蓄电池、检测微量电流的验电器等而闻名于世。

1800年研制了“伏打电池”，第一个从化学反应中制造出了电流。伏打电池的发明对有关各种电的现象的研究作出了极大的贡献。

查理
绝对温度“查理定律”

当我们感到一个物体比较热的时候，就意味着它的原子在快速运动。当我们感到一个物体比较冷的时候，则意味着其内部的原子运动速度较慢。

绝对温度是自然界中可能的最低温度。自然界最冷的地方不是冬季的南极，而是在星际空间的深处，那里的温度是绝对温度3度(3K)，即只比绝对零度高3度。

温度决定着生物的产生和死亡，当然对人类日常生活也起着很大的影响。

所以人们为了维持一定的温度，有时穿得厚，有时穿得薄。又为了避暑或取暖，相应地调节室内温度。

测定温度的温度计上标有刻度，我们平常使用的温度计是摄氏温度计，但还有华氏温度计。

普通的摄氏温度，是将冰水混合物的温度定为0℃，将使水沸腾的温度定为100℃。除了日常生活中经常用到的摄氏温度和华氏温度以外，在学科研究领域里还普遍使用一种温度计量方式，那就是绝对温度。科学家们将现代科技所能达到的最低温度-273℃，定义为绝对温度的0 K。在这个温度下，所有物体的分子运动都将停止。

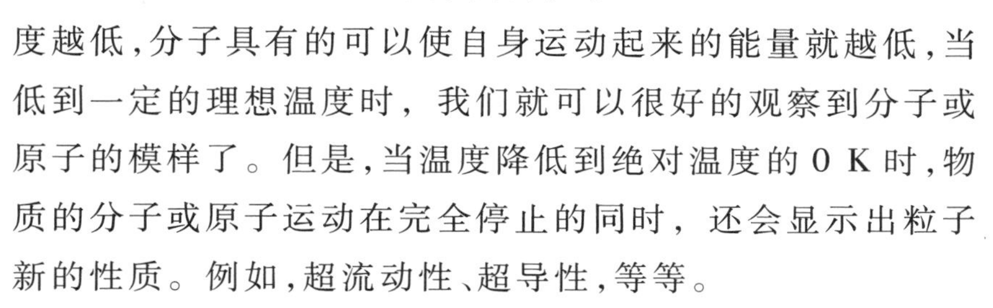

发现并说明这个绝对温度的正是法国的物理学家查理。他在 1787 年公布了自己的发现结果："在一定的压力下，一定量的气体的体积变化与绝对温度成比例。"这个定理被后人命名为"查理定理"。

在查理发现绝对温度以前，科学家们已经研究出所有物质都是温度越低，分子具有的可以使自身运动起来的能量就越低，当低到一定的理想温度时，我们就可以很好的观察到分子或原子的模样了。但是，当温度降低到绝对温度的 0 K 时，物质的分子或原子运动在完全停止的同时，还会显示出粒子新的性质。例如，超流动性、超导性，等等。

随着超流动性和超导性的发现，还开启了"量子力学"这样一个新的科学研究领域，甚至包括现在的超导高速列车在内的很多科学技术的发展，都离不开查理对绝对温度的研究发现。可以说，绝对温度在现代科学中起着"金钥匙"般的作用。

科学小贴士

温度不以量来衡量，而是以高低来表现的。温度计是利用水银的热胀冷缩性质制造出来的。为什么不用水呢？因为水在 4℃时，热胀也冷缩，而水银随温度变化的膨胀系数比较大，变化也很明显。也有里面装酒精的，就是红红的那种，酒精温度计适合测低温（−78℃~110℃左右），水银温度计适合测较高的温度（约 15℃~300℃），另外还有煤油温度计。摄氏温度的量度是瑞士的物理学家摄尔西乌斯确定的。

琴纳
发明“天花疫苗”

琴纳是英国农村一个牧师的第六个儿子，他来到伦敦，跟一流医生亨特学习医术。据说，琴纳的牛痘实验对象是他自己的儿子，但这种说法没有被证实。

“挤牛奶的少女为什么在天花肆虐的时候也不会被传染呢？”

这个时期由于天花这种无法治疗的传染病肆虐，人们要么死去，即便痊愈也会成为麻脸。

22 岁的琴纳在伦敦学习医学之后，回到家乡成为一名医生，并开始调查研究牛痘。

牛痘与人们得的天花不同，它是只在牛的乳房和乳头上长出疹子的一种病。

他发现村子里的少女在挤牛奶的时候，被感染上了牛痘。但是很奇怪的是患病者只在手上长了一些疹子，过一段时间后就会不药而愈。

同时，被感染过牛痘的少女在天花肆虐的时候也不会被感染。

“是这样啊！牛痘是轻型的天花，所以

只要得过一次牛痘，身体中就会产生不再被感染的免疫力。”

从此之后，琴纳研究了20多年的天花和牛痘。

他从感染牛痘的少女手上提取出牛痘疮疹的浆液，试着接种到另一个少年胳膊上。结果少年只是轻度发热，并没有任何其他的异常。

六周后，他将从天花病人身上取出的天花浆液涂到少年身上，这一次少年没有被感染。他推测这是由于少年体内已经产生了抵抗天花免疫力的缘故。

就这样，琴纳通过努力，终于发明了叫做“种痘”的预防天花的方法。

但是这个研究成果在伦敦学会发表后，得到的却是一片讥讽，人们说这是“傻子的行为”。

直到1800年左右，种痘法才被承认，并被传播到各国，使人们彻底摆脱了对天花的恐惧。

科学小贴士

琴纳在发明种痘法的时候，曾在老师亨特处得知“人们只要得过一次某种疾病，身体中就会产生不再被该病感染的力量。”这就是“免疫”，但当时的人们并不知道。

拉瓦锡
发现“质量守恒定律”

拉瓦锡虽然因从事对民众征税的工作，赚到了很多钱，但在大革命爆发之后，他受到了民众的憎恨而被送上了断头台，像朝露一样消失在这个世界上。

但是在两年之后，拉瓦锡被没收的财产重新还给了他的夫人。爱戴他的人们还为他举办了一场豪华的葬礼。

拉瓦锡曾做过“曲颈瓶实验”。即，在曲颈瓶中放入水之前，测量一次重量；放入水之后，再测量一次重量。

在曲颈瓶中放入蒸馏水之后密封，持续加热直到瓶中的水完全消失。

曲颈瓶完全空置之后，将其从火上拿下，测量留在瓶中的残渣，结果与原先曲颈瓶减少的质量是相同的。

“瓶中的残渣是从玻璃成分中熔化出来的，而不是水变成了泥！”

当时他认为是水蒸发之后，在瓶中留下了泥土。

拉瓦锡通过这个实验，对物质质量的变化产生了浓厚的兴趣。在每次化学实验时，他一定要测量实验前后物质的重量。

他还证明出当时非常流行的“燃素说”

(“燃素说”认为物质燃烧或金属生锈的原因是一种叫燃烧素的元素从物质中溢出)是错误的,引起了化学界的极大关注。

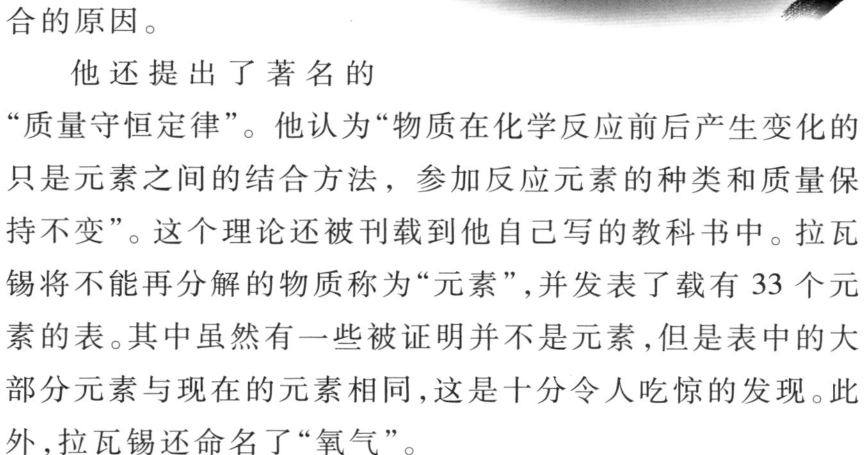

拉瓦锡通过研究和实验,得出结论:物质着火燃烧和金属生锈的现象是物质与空气中氧气结合的原因。

他还提出了著名的“质量守恒定律”。他认为“物质在化学反应前后产生变化的只是元素之间的结合方法,参加反应元素的种类和质量保持不变”。这个理论还被刊载到他自己写的教科书中。拉瓦锡将不能再分解的物质称为“元素”,并发表了载有33个元素的表。其中虽然有一些被证明并不是元素,但是表中的大部分元素与现在的元素相同,这是十分令人吃惊的发现。此外,拉瓦锡还命名了“氧气”。

科学小贴士

早在拉瓦锡之前,俄国化学家罗蒙诺索夫把锡放在密闭的容器里煅烧,锡发生变化,生成了白色的氧化锡,但容器和容器里的物质的总质量,在煅烧前后并没有发生变化。经过反复的实验,都得到同样的结果,于是他认为在化学变化中物质的质量是守恒的。但这一发现在当时并没有引起科学家的注意,直到20多年后法国的拉瓦锡做了同样的实验,也得到同样的结论,这一定律才获得公认。

富尔顿
发明汽船

富尔顿出生在美国宾夕法尼亚州，刚开始他决心成为一名画家。他是在给富兰克林画肖像画的时候，在富兰克林的介绍下来到英国，对机械发明产生了兴趣。

"那个纺织机……蒸汽机……"

富尔顿来到正值工业革命时期的英国，看到了纺织机和蒸汽机，在心中这样感叹。不仅感叹，富尔顿还下了这样的决心："我也要发明出东西来！"

富尔顿来到英国，怀着发明新机械的梦想，走上了技术人员的道路。刚开始他发明了截断大理石的机械和挖掘运河的机械，但是没有赚到钱。

之后富尔顿将目光转向了汽船。

1803年，富尔顿经过反复实验终于发明了汽船，并在巴黎的塞纳河上试航，试航取得了圆满成功。

1806年回到美国的富尔顿，屡次改良现有的船只，制造了带了两个大桨叶轮的蒸汽船"克莱蒙特号"。

次年，重182吨的“克莱蒙特号”搭载40名乘客，在纽约的哈德逊河上逆流而上到达离纽约242千米的地方，全程仅用了32小时。

“怪物出现啦！”

第一次看到汽船的人们惊叫着。

虽然此前也有许多人制造了利用蒸汽的力量来驱动的船只，但是富尔顿是制造汽船的第一人。

富尔顿的汽船出现的时候，美国的铁路还不是很发达。所以汽船为交通的发展作出了很大的贡献，很受人们的欢迎。由于蒸汽机船的出现，最终使帆船驶进了船舶博物馆。

科学小贴士

汽船是将蒸汽机作为动力的船。19世纪初，蒸汽机首次被应用于船舶的动力系统。因为初期的船舶用的动力机都是蒸汽机，所以被叫做蒸汽船或汽船。内燃机等其他种类的动力机被应用于船舶之后，汽船这个名称才成为以机械为动力的船舶的统称。

道尔顿
最初定立的“原子论”

道尔顿出生于英国一个贫困的纺织工人家庭，他是自学成才的化学家、物理学家。他在一个教士家做仆役时读了很多书，增长了不少知识。后来又结识了著名学者豪夫，得到了他的教导。经过不懈的努力，道尔顿最终成为英国皇家学会会员。

“大气中的氧气和氮气是如何混合在一起的呢？各种气体是怎么溶入水中的呢？”

1808 年，不断进行研究的道尔顿提出了“物质的基本粒子是原子”的新理论。

这一理论的内容如下：

第一，物质不断地分解，最终就会变成不能再分的粒子，这种粒子就是“原子”。

第二，同样种类的原子的质量、体积、化学性质都是相同的，不同元素的质量、体积、化学性质各不相同。

第三，不同种类的元素在化合(一种化学反应类型，由两种或两种以上的物质形成一个成分较复杂的化合物的反应。如氢气与氧气化合而成水)时，一定数量的原子之间相互结合。

道尔顿家庭贫困，加上又是国王不承认

的贵格教(基督教的一个教派)的信徒，因此他无法进入著名的大学学习。

道尔顿只好随他哥哥到外地谋生。后来在一所学校中,他一边做助手的工作,一边自学科学,并在 27 岁的时候成为曼彻斯特新学院的自然科学和数学教授。

此后，道尔顿只专注于研究，不再从事教学工作。

本身是色盲的道尔顿对色盲症也进行了研究,并发表了论文,成就斐然。

在这之后，为了赞扬他的成就，英语中将色盲症称为“道尔顿症”。

道尔顿还在 1801 年发表了道尔顿定律,认为“在同等的温度、压力下,两种不同的气体混合,混合气体的体积是各气体体积之和,压力等于各气体压力之和”。

科学小贴士

道尔顿直到去世为止坚持进行了 57 年的气象观测。在他去世前最后的记录中，还记录着气象观测日记:今天下了毛毛雨。

道尔顿确立了现在的原子基础理论，因此人们将他称为“科学原子论之父”或“近代化学之父”。

高斯与《解析整数论》

高斯在理论数学的各个领域和应用数学方面都取得了辉煌的成就。人们将他誉为“与牛顿、阿基米德并列的天才数学家”，有“数学王子”之称。

拥有杰出数学才能的高斯，在进入德国格丁根大学第二年，就有了令人大吃一惊的发现。

“什么，你说什么？用尺子和圆规画正17边形？”

这是事实。这是高斯证明的事实。高斯发现了仅利用尺子和圆规就能画正17边形的方法，这是2000多年来人们都无法得知的正17边形制图方法。

高斯为了计算它的原理，研究了整数的性质。然后发表了论文《解析整数论》，此文成为现今整数论的基础。

被誉为天才数学家的高斯，从小开始就在数学上表现出杰出的才能。

高斯在上小学的时候，老师问道：“从1加到100是多少啊？”

老师的话音刚落，高斯就回答道：“是5050！”

他的答案是正确的，所有在场的人都被吓了一跳。

他所使用的方法是：对50对构成和为101的数列求和，算式是(1+100)+(2+99)+(3+98)+……(50+51)，即50×101=5050。

1795年，高斯还发现了“最小二乘法”；1799年，他证明了代数学的基本原理；1800年，他发现了椭圆函数。

1801年，高斯因为发现了火星和木星之间的小行星而引起了更为广泛的关注。

1807年，格丁根建立了天文台，高斯成为天文学家，并兼任格丁根大学的教授。

除了数学，高斯在测量学和电磁学方面也很在行。1833年，他跟德国物理学家韦伯一同利用电磁作用发明了第一台有线电报机。

科学小贴士

高斯著的《解析整数论》是研究像2、3、5、7……一样的、不能被1或自身以外数整除的数(素数)是怎样形成的论文，它建立了现代整数论的框架。

斯蒂芬孙
发明“蒸汽机车”

发明了蒸汽机车的斯蒂芬孙对铁路也有所研究，并在铁轨的倾斜、隧道施工方法等方面取得了很多成果。

他还根据在煤矿工作的经验，发明了矿井用安全灯。

以前，运煤的时候要用马车来运输。但是因为马饲料价格上涨，运输费也跟着上涨。

“一定要做出比马车快，又比马车运输费低的运输工具。”

斯蒂芬孙开始构想蒸汽机车，并在1814年发明了世界上最早的在铁轨上行驶的蒸汽机车。这个蒸汽机车在试运行的时候，搭载了450名乘客，时速达到24千米，试运行获得了圆满成功。

在之后的1825年，斯蒂芬孙在达灵顿到斯托克顿之间的铁路上，首次运行了自己制造的“旅行者号”蒸汽机车。

4年后，利物浦和曼彻斯特之间铺设了长45千米的铁路，从此正式拉开了铁路时代的序幕。

这时在铁路通车纪念比赛中，斯蒂芬孙制造的“火箭号”列车以时速45千米取得了第一名。

斯蒂芬孙出生于英国煤炭工人家庭。由于家境太过贫穷，斯蒂芬孙没上过学，从小就跟随父亲在煤矿工作。

有一天，父亲托起幼小的儿子，让他向上往树上看。原来是一只斑鸫(dōng)衔着一支树枝在筑巢。

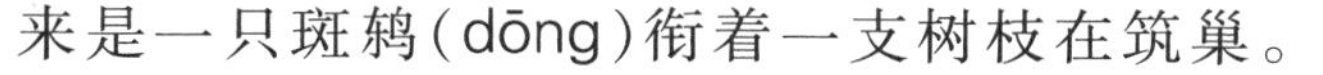

“斑鸫在筑漂亮的巢呢？那只鸟为了筑个好的巢而不停地将树枝一个一个地衔起。你也是一样，无论做什么事情，都要养成有条有理、认真的习惯。”

在这之后，斯蒂芬孙就将父亲的话牢记在心，他专注于平时就很感兴趣的机械研究，这为他以后的成功打下了基础。

世界各国争相铺设铁路是1830年之后的事了。

科学小贴士

斯蒂芬孙虽然发明了蒸汽机车，但那是因为有其他人的帮助才成功的。斯蒂芬孙之前，瓦特发明了制造蒸汽机车用的蒸汽机，特里维西克将蒸汽机车和大车相连使其运行。因为有了这些前人的努力，斯蒂芬孙才能成功地制造出蒸汽机车。

达盖尔
发明“摄影术”

德国的舒尔茨最先展示了摄影术，比达盖尔早100多年。但是使用舒尔茨的技术，为了照一张照片需要8个小时，所以每次要照照片的时候，模特们都会逃跑。

照相用的机器就是照相机，英文即Camera。现在照相是很方便的，只要有照相机，就能够照出照片。

实用照相技术的发明是在1837年。

“如果能做出给大自然摄影的东西，那么就会将风景画画得更漂亮……”

法国画家达盖尔的脑海中有了这样的想法。

为此，他深入地进行了研究。

在1837年，达盖尔发现了世界最早的显像和成像方法。没有几项发明像照相机有那么多的用途，它广泛地应用于科学领域，也给人们的生活带来了乐趣！

达盖尔原来是绘制歌剧舞台背景的画家，后来与朋友涅普斯一起研究了摄影术。

但是涅普斯先于达盖尔去世，后续研究工作是达盖尔独自继续完成的，最终他发明了摄影术，并被叫做“达盖尔摄影术”。

两年后的1839年，法国政府正式发布通告：“摄影术的发明者是达盖尔！”

在法国政府要给达盖尔奖金时，他说：“朋友（涅普斯）去世了，我不能自己拿这笔奖金。”政府决定给涅普斯的后人也颁发奖金后，达盖尔才答应接受奖金。

当然在这之后，摄影术得到了长足的发展。

科学小贴士

达盖尔发现了叫做碘化银的新型感光材料，并在其成像技术上获得了成功，并制造了达盖尔型照相机，奠定了现今照相机的基础。

在擦干净的银板上喷射碘化银蒸汽，那么银板上面就会产生一层薄膜。照相就是将银板放到有影像的地方，利用曝光来成像的。

欧姆
提出“欧姆定律”

欧姆的研究工作是在十分困难的条件下进行的。他要忙于教学工作，只能利用业余时间，自己动手设计和制造仪器来进行有关的实验。欧姆的研究成果最初公布时，并没有引起科学界的重视，甚至还受到一些人的攻击，直到英国皇家学会授予欧姆科普勒奖章，欧姆的工作才得到普遍的承认。

“同学们，我们老师最近开始着迷于奇怪的事情。我去老师家里的时候，他竟然不知道我到了……”一个同学说道。

这个时期，欧姆正在中学教授数学和物理学课程。

与此同时，他还专注于科学研究和实验，那着迷的样子就像个孩子一样。

当时实验室的装置是相当寒碜的。在这样艰难的条件下，欧姆仍然继续他的研究，发现了电流的大小，电阻、电动势之间的关系等，并在1827年发表了“欧姆定律”。

“欧姆定律”刚刚发表时，这个成果并不被当时的科学家所承认。

“只不过是一个农村老师闹着玩的……”

他们讥笑欧姆，说他的发现是毫无根据的、出格的发现。

不仅如此，他们还以“不适合担任研究科学发现的教师工作”的理由将欧姆赶出了学校。

即便如此，欧姆仍然没有放弃对科学的研究。

“欧姆的研究是很优秀的！”

多年以后，各国的科学家们终于承认了欧姆定律的正确性。1841 年，他从英国获得了学术界最高奖“科普勒奖章”。并且在他去世的 5 年前，成为自己梦寐以求的慕尼黑大学的教授。

后人为纪念这位了不起的科学家，以确立“欧姆定律”的欧姆的名字来命名电阻单位“欧姆”。

科学小贴士

欧姆的家境十分困难，但他从小还是受到了良好的熏陶，父亲是个技术熟练的锁匠，而且爱好数学和哲学，父亲对他的技术启蒙，使他养成了爱动手的好习惯。物理是一门实验学科，如果只会动脑不会动手，那么就好像是用一条腿走路，走不快也走不远。欧姆如果不是有一手好手艺，木工、车工、钳工样样都能来一手，那么他是不可能发现电流的磁效应，他用自己动手制作的电流扭秤来测量电流强度，才取得了较精确的结果。

法拉第
发现“电磁感应现象”

法拉第出生于一个非常贫穷的家庭，没有接受过正规的教育。在他13岁的时候，就进入了一家印刷厂工作。19岁的时候，在听了著名科学家戴维的讲演之后，法拉第将自己细心书写的听课笔记寄给了戴维，并请求成为他的助手。这个梦想在两年后实现了，这也成了他成长为优秀科学家的跳板。

法拉第对当时流行的电和磁进行了深入的研究。

在电、磁转换的实验中，用电流附近产生的磁场来转动磁石，磁场就是磁力的范围。

“既然电、磁能够相互转换，那么，如果电流周围可以产生磁场，磁铁应该也会产生电流。”

法拉第怀着这样的想法立即进行了相关的实验。他试着用过强力的磁铁，又试着用过长短不同的电线，还试着换过不同的实验材料等，他用各种不同方法持续进行着实验。

经过10年无数次的实验和艰苦奋斗，1831年，法拉第终于发现了电磁感应现象，即磁铁或电流使靠近它的线圈产生

电流。

电磁感应是制造像现在的发电机、电子通信、摩托车等我们日常生活中不可或缺的东西的理论基础。

法拉第的一生一直是在不断地实验、研究中度过的。他以追求科学为目标，为探索真理而百折不回，淡泊名利，把各种荣誉奖状、证书束之高阁。在从事研究工作的同时，法拉第还很关心大众的科学普及事业，甚至亲自为儿童撰写了富有趣味的图书《蜡烛中的化学》。

科学小贴士

“电磁感应现象”是电磁学中最重大的发现之一，它揭示了电、磁现象之间的相互联系和转化，对其本质的进一步深入研究和麦克斯韦电磁场理论的建立具有重大意义。电磁感应现象在当今的电工技术、电子技术以及电磁测量等方面都有广泛的应用。

莫尔斯
发明“莫尔斯电台”

作为画家的莫尔斯曾是纽约大学的美术教授，他一边教学一边画画。

在欧洲旅行的途中，他下定决心要研制电台，并在大学的同事戈尔和工厂主贝尔的帮助下取得了成功。

莫尔斯是美国马萨诸塞州一个牧师家的小儿子，从小在极度的宠爱下长大。少年时期，因为对未来的选择，他陷入了深深的苦恼中。

“是要成为科学家呢，还是当画家呢？”

莫尔斯决定要成为一名画家，所以在20岁的时候，他到英国学习绘画。几年后，他回到美国。虽然他十分努力地绘画，但一直没有出名。

后来他成为一所美术学校的校长。在一次欧洲旅行的过程中，偶遇美国的电磁学家杰森，听到了有关电磁学的话题，“难道不能利用电磁铁将电子信号送到远处吗？”莫尔斯这样想到。

旅行结束以后，莫尔斯开始潜心研究他的设想，终于在1837年发明了使用“莫尔斯电码”的电台。

取得初步成功的莫尔斯声名大噪，连美国议会都要对他进行赞助。1844年，在美国议会的赞助下，莫尔斯铺设了实验线路，并成功地发送了电报。

1846年，莫尔斯成立了“电报公司”，从此电报开始在整个美国普及。

电报对美国经济的发展作出了重大贡献，并且在南北战争中对北军的胜利也立下了汗马功劳。

此外，莫尔斯还因为研究海底电报和照相机而闻名。

科学小贴士

莫尔斯电码是采用短的发信电流（点）和比较长的发信电流（线）相混合的形式来代表罗马字母和数字，并以此为基本结构的。这一点在世界范围内都是相同的。

例如，用莫尔斯电码要表示“SOS”，就可以表示为“…———…”。

首次用莫尔斯电码来通信的电文是“上帝创造了何等的奇迹！”这是在实验线路成功地发送了电报时，莫尔斯给同事贝尔发出的电文。

维勒
人工合成“尿素”

维勒是德国王子御用兽医的儿子，他从小就很喜欢化学实验和收集矿物，甚至已经到了可以为之旷课的地步。勉强进入大学的维勒依然十分喜欢实验，并将宿舍弄成了实验室，别人对此相当不满。

他在21岁就发表了他的第一篇化学论文，展示出了卓越的才能。

维勒在很早以前就开始研究一种叫“异氰酸铵”的化学物质。

1825年，他得出了组成这种物质原子的种类和数量，让人惊奇的是，这个发现与德国化学家李比希发现的“雷酸银”的原子种类和数量相同。

但是这两种物质的性质差异相当大，一种有爆炸性，一种并没有那样的性质，因此两人相互刁难，都认为是对方的实验产生了错误。

其实两人的实验都是正确的。后来人们才知道，虽然同种原子以同样的数量结合，但由于结合方式的不同，也会产生不同的物质。

维勒在发现自己合成的物质是氰酸铵的异构物后，又重新研究了这种物质。

“啊，这究竟是什么东西啊？”

这正是人体中产生的“尿素”。尿素是蛋白质分解后，最终产生的氮化合物，主要在哺乳动物的尿液中。

当时人们不相信能够人工合成像尿素一样的生物体内产生的物质（有机物），但是维勒首次在生物体外制造出了尿素。

维勒的尿素研究成为“产生生命活动也可以用化学的力量来解释”这一重要思想的基础。

科学小贴士

尿素在包括脊椎动物血液和体液、哺乳动物的尿液等液体中常见，在线虫动物或甲虫类、软体动物中也可见，甚至在菌类或酵母菌类等的植物中也少量存在。

脊椎动物的尿素一般在肝脏中形成，是一种无色无味的物质。人工合成的尿素一般用作氮肥或医学药品等的原料。目前全世界每年工业生产的尿素产量约为 10 亿吨，90%以上的尿素被用作肥料，在所有的氮肥料中尿素的含氮量最高(46.4%)，是用作肥料的最佳选择。

达尔文
建立“进化论”学说

达尔文出生于医生之家，母亲很早就去世了，他从小在姐姐的照顾下长大。刚开始，他想成为一名医生，进入爱登堡大学学习后因为不适应转到剑桥大学神学院学习。决心成为博物家是他22岁那年，在搭乘小猎犬号之前。

1831年12月，242吨的“小猎犬号”考察船在英国出航，穿过大西洋，中途曾在南美洲停留，后绕过南美洲南端进入印度洋和大西洋。这样“小猎犬号”环游世界后回到英国历时5年。

这期间，达尔文搭乘小猎犬号巡游各地，研究了各地的动植物以及化石、地质、矿物等情况。

在某个岛上，他领悟到“这些动物的外形跟以前不同，它们的体型改变了”。他又在某处采集到的化石中发现“以前的动物与现在相比发生了很大的变化”，“同种动物也有一些不同，这是因为食物和生活环境的改变等造成的”。

达尔文在归国3年后，完成了《小猎犬号航海记》一书。

在这本书中，达尔文提到“出现新物种不是因为神的力量，而是因为自然的力量。生物是不断变化的”。

这时期人们都普遍相信“所有生物都是神创造的，是不会不同的”。

达尔文通过亲自观察到的自然现象，得出了“生物是进化而来的”结论。

他又提出“在生存竞争中，适应环境的生物才会存活下来，形成新物种；不适应环境的就会被淘汰”。（物竞天择，适者生存，不适者淘汰）

达尔文的观点很好地体现在1859年出版的《物种起源》一书中。这本书以全新的进化论思想推翻了神创论和物种不变论，把生物学建立在科学的基础上，提出震惊世界的论断：生命只有一个祖先，生物是从简单到复杂、从低级到高级逐渐发展而来的，书中所阐释的进化论被恩格斯列为19世纪自然科学的三大发现之一。

科学小贴士

在达尔文提出进化论之前，也有人发表过进化学说。达尔文的祖父伊拉斯谟斯提出“大海中的一个生命体在发展过程中，发展成为多种生命体”。还有编撰《动物哲学》（1809年）一书的拉马克也提出过类似的观点，但他们都没有证明出自己的观点，因此没有被世人承认。

相反，达尔文将莱尔的“地球的诞生可以用地层和断层说明”的主张和自己观察的自然现象为证据，证明了“生物是进化而来的”。

施旺
确立“动物细胞学说”

莱茵河畔一所小学的一间教室里，老师喜形于色地问他的学生们：“同学们，全校数学竞赛揭晓了，第一名是我们班的同学，你们猜猜他是谁？”正当孩子们议论纷纷时，老师的目光转向了一个沉默不语的学生，然后接着道：“是小波比。”这个小波比，就是施旺。

施莱登刚刚发表植物细胞学说后，施旺就知道了“植物细胞学说”。

“植物细胞中有一个圆形颗粒（细胞核）。”

施旺听到这句话时被吓了一跳。

“我观察的蝌蚪脊索（类似脊柱的东西）中也有那种颗粒……”

两个人急急忙忙赶到施旺的研究室，用显微镜观察蝌蚪。果然在蝌蚪脊索细胞中发现类似植物细胞的结构。

“那么这是证明动物的身体也是同植物一样由细胞构成的证据！”

施旺认为动物的身体同植物一样，都是由细胞构成的，因此他继续进行观察，并得出了以下结论：

第一，动物的卵是由细胞核、细胞质

和细胞膜等构成的一个细胞，这个细胞分裂成许多细胞,形成了生物。

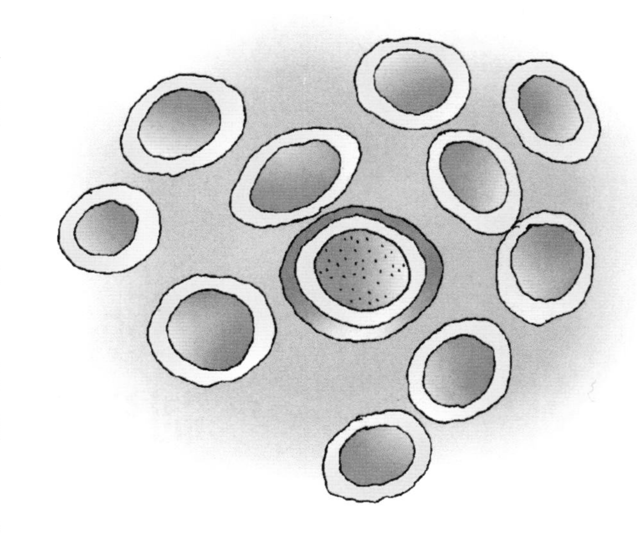

第二，一个又一个的细胞都有生命，因此可以支撑生物的生命。

施旺与施莱登共同进行研究,1839 年发表了“动物细胞学说”。

施旺对细胞增长的方式作出了这样的说明:“就像矿物的结晶从中心生成一样，细胞增长也是以细胞为中心向外增长的。”

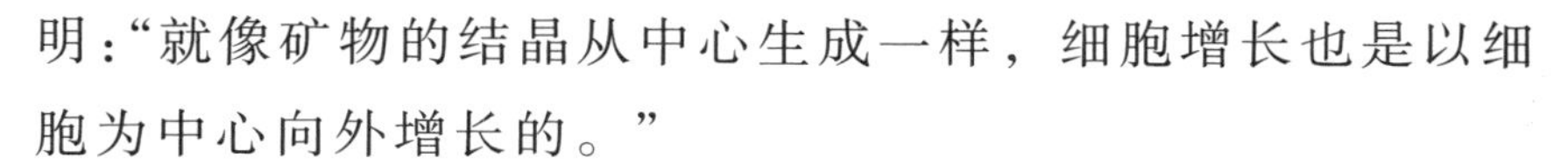

施旺生于德国,在大学期间攻读医学,后来成为柏林大学生理学家弥勒的助手。他在青年时期就有很多研究成果。他发现了胃液中含有的消化酶:胃蛋白酶,又发现了能够发酵的酵母菌等。

科学小贴士

食物进入口中,通过牙齿咀嚼,在舌头的作用下与唾液混合,咽进食道。之后,咽进食道的食物被“搬运”到胃中,被弄得更碎,与胃液混合 3~4 个小时之后,一点一点进入十二指肠。在那里,食物与胰腺分泌的胰液和胆囊分泌的胆汁混合后,进入小肠。在小肠中,营养被吸收;大肠中,水分被吸收,最后留下的残渣被排出体外。

巴斯德
制造“狂犬病疫苗”

巴斯德出生在法国的一个小乡村，后来进入巴黎的高等师范学校学习，之后因为乡愁病（怀念家乡的病），回到了家。父亲批评他：“男子汉内心这么脆弱，能做出什么事啊！”随后又将他送回巴黎。

“患狂犬病的孩子很多，要快点开发出治疗这种病的药物啊。”

年过60的巴斯德不分昼夜地研究着。巴斯德从1880年左右就开始研究传染病细菌。之后，他研制出能够让人患病，但病情较弱的细菌，并将它变成为“疫苗”。只要提前注射这种疫苗，无论多可怕的传染病都可以阻挡。被疯狗咬过而患的狂犬病当然也可以用疫苗解决。

狂犬病是疯狗身体内携带的病原菌传给其他狗或人类所引起的疾病，被感染的狗或人都会在几周后死亡。

巴斯德坚信“患过某种疾病后，这个人就不会第二次患病”的免疫性也适用于狂犬病。

经过无数次的实验，巴斯德终于研制出

了狂犬病疫苗，并在临床试验中获得成功。从此之后，就没有孩子被疯狗咬过之后而死亡的事情了。

巴斯德是斯特拉斯堡大学的化学教授，当时人们发酵糖萝卜制造酒精，碰到困难就会来找巴斯德帮忙。

巴斯德将发酵得不充分的发酵液拿来，用显微镜进行了观察。“原来相比制造酒精的酵母，产生了更多的乳酸菌，使液体变成了乳酸啊！”

巴斯德在继续研究之后，成功地解释了有关发酵的一切原理。“发酵是在没有酶的环境下（直到产生微生物为止），细胞中物质发生了变化。”

巴斯德揭示了微生物作用的秘密。

科学小贴士

在细菌学占统治地位的年代，巴斯德并不知道狂犬病是一种病毒，但从科学实践中他知道有侵染性的物质经过反复传代和干燥，会减少其毒性。他将含有病原的狂犬病的延髓提取液多次注射给兔子后，再将这些减毒的液体注射狗，以后狗就能抵抗正常强度的狂犬病毒的侵染。1885年人们把一个被疯狗咬得很厉害的9岁男孩送来抢救，巴斯德为他注射了毒性减到很低的上述提取液，然后再逐渐用毒性较强的提取液注射。结果巴斯德成功了，孩子得救了。

孟德尔
发现“遗传三大法则”

孟德尔出生于奥地利的一个贫穷的农夫家庭。因为无法进入大学学习，他进入修道院成了一名修道士，后来赴维也纳大学留学。孟德尔在大学期间学习的数学知识为后来遗传学的研究提供了很大的助力。

“神父，为什么修道院的院子中只种了豌豆啊？”有个信徒问道。

孟德尔说：“因为这样可能会产生很珍贵的后代。”

“使性质不同的双亲交配会产生什么样的后代（杂种）呢？这里面又有什么规律呢？”

孟德尔神父在修道院的院子中种植豌豆，进行了8年的调查研究，最终发现了遗传学的三大定律（显性、分离、独立）。

从维也纳留学归来后，孟德尔一边做神父，并在学校教授物理学和博物学；一边种植豌豆，专注于遗传学的研究。

但是孟德尔的“遗传定律”在当时并没有受到人们的关注。

后来，成为修道院院长的孟德尔，因

为教会要负担很多税金的问题而分散了精力，从此他的研究毫无进展。

1900 年，孟德尔去世 16 年之后，荷兰的植物学家德弗里斯、德国植物遗传学家科伦斯和奥地利植物遗传学家切尔马克各自发现了与孟德尔相同的遗传定律，从此孟德尔的成就才受到世人的瞩目。

科学小贴士

1865 年，孟德尔在布鲁恩科学协会的会议厅，将自己的研究成果宣读。可是，孟德尔的思维和实验太超前了。尽管与会者绝大多数是布鲁恩自然科学协会的会员，然而，听众对连篇累牍的数字和繁复枯燥的论证毫无兴趣。他们实在跟不上孟德尔的思维。孟德尔的发现一直被埋没了 35 年之久！直到 20 世纪时，来自三个国家的三位学者同时独立地“重新发现”孟德尔遗传定律。从此，遗传学进入了孟德尔时代。

法布尔
观察记录《昆虫记》

法布尔在5岁的时候产生了这样的疑问：我可以看到太阳是因为有眼睛，还是因为有嘴巴呢？

开始学习博物学的法布尔读到了某位学者的研究著作：

“节腹泥蜂用毒针刺入吉丁虫的幼虫并将其杀死。但是毒液会起到防腐剂的作用，所以吉丁虫的幼虫虽然死了但不会腐烂。”

法布尔为了知道这是否属实，便决定观察节腹泥蜂的习性。这是使法布尔成为世界第一昆虫学家的动机。

观察节腹泥蜂之后，法布尔明白了其中的道理。节腹泥蜂虽然会将毒针刺入吉丁虫的幼虫，但是并不会杀死它，只会将它麻痹，所以吉丁虫的幼虫才不会腐烂，而不是节腹泥蜂的毒液起到了防腐剂的作用。

法布尔关于这一发现的论文刊载于《自然科学年鉴》。有学者看了这篇论文后，寄来一封邮件，说："您的观察是正确的。"

小时候的法布尔先张张嘴，然后再睁睁眼，知道了因为有眼睛，他才能看到太阳。像这样，法布尔从小就有很强的好奇心，产生了好奇心之后，就一定要亲自试验一下。

他在 44 岁的时候，辞掉了教师工作，并搬到法国南部的村庄，在那里观察昆虫的世界。

"屎壳郎就像马路清扫工！"

只要牛一排完粪便，好几只屎壳郎就会蜂拥而至，相互抢夺，不一会儿便把粪便哄抢一空。。

屎壳郎的头上有帽子遮挡一样的凸出来的东西，它用那个东西将牛粪切开，用脚把粪便弄成像核桃或苹果一样的圆形。然后再背靠牛粪，扭动全身倒着推动牛粪。如果不能动弹，其他屎壳郎就会来抢夺，然后就会产生争斗。

法布尔一生都在研究昆虫，直到去世为止，他留下了 10 卷的《昆虫记》。

科学小贴士

《昆虫记》的内容大部分是法布尔亲自观察得来的。他为了研究屎壳郎耗费了 40 年时间，又用了数年观察孔雀蛾，并知道了雌性孔雀蛾会分泌一种化学物质来吸引雄性孔雀蛾。法布尔研究了泥蜂、马蜂、屎壳郎、蝉、绿头苍蝇、松毛虫、螳螂、蝎子、蜘蛛、孔雀蛾等很多昆虫。

焦耳
发现"能量守恒定律"

焦耳出生在英国曼彻斯特，从小喜欢做实验。16岁时开始跟随道尔顿学了3年化学。

后来他在家里设置了一个实验室开始了他的研究工作，并把家产全部投入实验研究上。

"未来将是电子时代！"

这是19岁的焦耳在设在自己家的实验室中发出的感叹。

当时蒸汽机正以迅猛的气势被人类所使用，昂贵的电池只被允许当做电源使用。

"比蒸汽机更廉价更具效率的发动机是做不出来了。"

接受这种事实的焦耳开始研究如何让电流产生热能。这个时期测量电流还是一件很复杂的事情。测量过程中很难把握热量，因此在当时要准确测量电流与热能之间的关系几乎是不可能的。

经过不懈的钻研，焦耳终于发明了一种可以测试"经过导线的(连接两极可供导电的金属线)电流与它所产生的热能之间关系"的装置，并做了进一步的实验。

实验的结果让他发现了“能量守恒定律”，即“通电导体所产生的热量与电流强度的平方，导体的电阻和通电时间成正比”。

在此基础上，焦耳继续研究能让物质运动的热与其产生的热之间的关系。

他在一个大水桶里安置了一个旋转的螺旋桨，边转动边测量温度。结果表明转动螺旋桨的动作转换成了热量。

通过一系列的实验，焦耳证明了热量、功、能量是可以相互转化的。

同时德国的物理学家迈尔和德国生理学家、物理学家亥姆霍兹也进行了同样的研究。

焦耳、迈尔、亥姆霍兹这3个人的“能量守恒定律”(即能量只能从一种形式转化为别的形式，或者从一个物体转移到别的物体，在转化或转移的过程中其总量不变)开启了热力学的先河。

科学小贴士

焦耳生于英国曼彻斯特，他的父亲是一个酿酒厂主。焦耳自幼跟随父亲参加酿酒劳动，没有受过正规的教育。青年时期，在别人的介绍下，焦耳认识了著名的化学家道尔顿。道尔顿给予焦耳热情的教导。焦耳向他虚心学习数学、哲学和化学，这些知识为焦耳后来的研究奠定了理论基础。而且道尔顿教给焦耳理论与实践相结合的科研方法，激发了焦耳对化学和物理的兴趣。

麦克斯韦
预言电子波的存在

麦克斯韦经常向大人们提出各种疑问，大人们甚至不耐烦了。爸爸发现了麦克斯韦在科学方面的天赋后，经常带他去参加科学家们的聚会，并朝着这个方向培养麦克斯韦。

麦克斯韦在 14 岁时，曾解开了一道在当时来说非常难的数学题，让周围的人们十分吃惊。

麦克斯韦在爱丁堡大学毕业后，转入剑桥大学继续学习，后来又成为母校的教授。

在研究中，麦克斯明确地说明了“电子和磁力”(在磁石与磁石之间或者在电流和磁石之间产生的力量的根源)的理论。

麦克斯韦将电子和磁力的关系用方程式说明，并用图像的方法整理出来。

这在今天也是用于分析电子和磁力问题必不可少的方法。麦克斯韦在这个方程式中，做了这样的预言：

“即使在什么都没有的空间，电子和磁力之间也有交替出现的波——电子波。”

电子波的存在是在麦克斯韦逝世几年后，被德国物理学家戴维斯的实验所证实的。如今，麦克斯韦预言的电子波在电视、广播的播出中广为应用。

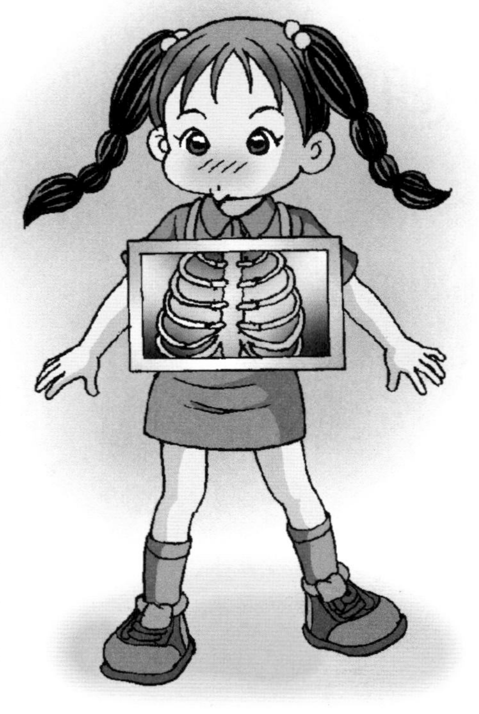

麦克斯韦从小生长在英国一个富于创新精神的家庭里。

在他生活的19世纪，英国的服装是很讲究的，不论老少，男人们都要戴高筒礼帽，脖子上还要围一条紧绷绷的硬领。麦克斯韦的父亲认为这种装束穿起来很不方便，而且还很不卫生。他打破习俗，亲自为小麦克斯韦做了一套简便的、适合穿着的紧身服。没料到，这身"奇装异服"却给小麦克斯韦招来了许多屈辱。

同学们都不理睬麦克斯韦，连老师也认为他是个古怪的孩子。直到高年级的时候，有一次，学校出现了一个人同时获得科学和诗歌比赛两个一等奖的奇迹。创造这个奇迹的不是别人，正是一向不被人们看好的麦克斯韦！这次比赛改变了麦克斯韦在学校里的地位。同学们开始尊敬他，向他请教各种疑难问题，老师也开始喜欢他了。

也许正是这种小时候经历的"创新"，在麦克斯韦小小的心灵里种下了科学、创新的种子。

科学小贴士

电子波常用于CT照片和X射线以及癌症放射治疗。因为电子波的波长忽长忽短，所以在使用时会有看不到的闪光。

埃菲尔
“埃菲尔铁塔”的建造

“埃菲尔铁塔”的设计建造让埃菲尔闻名于世，但除了建造埃菲尔铁塔外，他还以高超的建筑技艺完成了当时法国著名的波尔多大桥工程，还参与了巴拿马运河水门工程的设计与美国自由女神像的设计工作。

他还研究出了“铁根建筑方法”，为高层建筑物的建造开了先河。

“可不可以建一个300米高的铁塔？”

埃菲尔向政府递交了一份设计图。

1886年法国政府正在巴黎计划筹备“万国博览会”的时候得到了埃菲尔这个建议。

“怎么可能建造那么高的铁塔？”官员们理都没理会这项提议。

“只要有钢铁和水泥，再高的铁塔也能建成！这个铁塔将是博览会的象征，将使我们登上建筑行业的新台阶。”

经过埃菲尔坚持不懈的努力劝说，这个建议终于得到了政府的首肯，但是他们资助的费用实在太少了。埃菲尔将自己的积蓄也一并拿出来用于铁塔的建造，1887年1月铁塔开始正式施工。

铁塔由1.5万个金属部件组成，用

250 万个大小不同、形状各异的铆钉将所有的部件连成一体。将近 300 名工人在一年内建成了 4 个塔墩。

“像骨架似的很难看！”一部分市民要求政府拆除铁塔。埃菲尔解释说：“这只是最基础的部分，请耐心等待。”

埃菲尔倾尽所有精力建造铁塔。1889 年铁塔终于建造完成。这座法国最高的建筑物顶上飘着法国国旗。

整个铁塔为铁结构，雄伟壮观。有幸登临瞭望台的市民们，俯瞰巴黎市容，叹为观止。埃菲尔铁塔重 9000 吨，原高 300 米，1959 年，铁塔装上电视天线后高为 320 米。铁塔建成以后 40 年（即到 1930 年以前）保持全世界最高建筑物的纪录。

科学小贴士

路易·拿破仑·波拿巴发动政变推翻法兰西第二共和国后的一天，艺术家巴托尔迪在街头目睹了一桩使他永生难忘的事件。当时一些共和党人在街上筑了路障。那天傍晚，一位年轻姑娘手执火炬，高呼“前进！”的口号，冲过路障。士兵向她开枪，当场将她打死。巴托尔迪被这情景吓呆了。从那以后，这位无名的姑娘成了他心中自由的象征。后来在工程师埃菲尔的帮助下，女神像胜利完工了，在美国庆祝独立 100 周年的时候作为礼物送给了美国。这就是当今美国的象征：自由女神像。

克鲁克斯开发“霓虹灯”和“荧光灯”

克鲁克斯出生在英国，他对化学分析，特别是放射性物质的研究很感兴趣，他用光谱分析发现了铊元素，还测定了它的相对原子质量。后来他发明了辐射计，在晚年热衷于人工钻石的研究。

在都市的夜景中最为亮丽的霓虹灯，乍看之下像是怪物发出的光线，它们是用下面的原理制成的。

在稀薄的气体中通过电流，会产生真空放电。因此，用水银制作内置低压空气的玻璃管，在两侧设置电极，制造这样的放电管。在这样的管中通过电流，就会出现美丽的光线。

用各种气体来代替放电管内的空气，就会产生颜色各异的光线。例如，放入氩气就会产生紫色灯光，放入氢气或者氦气，就会产生玫瑰色灯光，放入氮气，就会产生黄色灯光，放入氧气会产生朱黄色灯光，放入二氧化碳气体会发出白色灯光。

“真空放电”是由英国的法拉第发现

的，之后德国的盖勒斯制作了“盖勒斯管”。这是霓虹灯制作的基础。

而制造各色霓虹灯的人正是英国的克鲁克斯。

他成功地用水银柱降低玻璃管内的气压，不仅开发出了霓虹灯，在改良霓虹灯之后利用低电压，会产生更耀眼的光束，这就是荧光灯。

荧光灯开启的时候会使用到点灯管。在打开电闸之后，点灯管的光会首先发出，然后荧光灯两个电极之间的放电才会开始，荧光灯就这样被开启了。点灯管的光会在荧光灯开启后自动灭火。

霓虹灯和荧光灯丰富了现代生活，也为现代生活带来了许多方便之处。

科学小贴士

荧光灯最初只在第二次世界大战的军事活动中使用，之后迅速普及到生活中。其中比较特别的荧光灯有在−20℃也可以使用的抗低温荧光灯。还有能用于消毒，消除物体上细菌的荧光灯，还有利用紫外线，做日光浴用的健康荧光灯等，此外还有鉴定珠宝用的黑灯。

诺贝尔
发明“新式炸药”

诺贝尔出生在瑞典首都斯德哥尔摩，从小体弱多病。父亲发明的机器不好卖，就和俄国政府做武器生意。后来完全破产回到了故乡。之后，诺贝尔发明了新的火药，家里的经济状况才开始好转。

“啊，我们现在身无分文了”

父亲这样叹着气。俄国在克里米亚战争(又名“克里木战争”)中失败，战争中诺贝尔的父亲制造了许多地雷（埋在地下，让人们无法分辨位置，踩到就爆炸的武器）和水雷(装在水下，每当碰到船就会爆炸的武器)并与俄国政府做交易，俄国战败后，他的生意彻底破产并背负巨额债务。

诺贝尔的父亲回到故乡后开始研究新的火药，诺贝尔也开始尝试着帮助父亲一起研究。

当时人们还普遍使用硝石、木炭、硫黄混合的黑色火药，诺贝尔经过不懈的努力，在1863年发明了比黑色火药爆破性强20倍的新的火药。

这种火药迅速销往世界各地。但因为

爆炸事故经常发生，被当时的人们认为是夺取人生命的商品。

再加上工厂的意外爆炸让很多人死亡，诺贝尔的小弟弟也在一次爆炸事故中丧生。从此，诺贝尔下了这样的决心：一定要制造出任意保管也不会发生事故的安全的火药！

“一定要制造出可以安全使用硝化甘油的东西。”

诺贝尔开始从事液体火药变成固体火药方面的研究。

之后，他使用硝化甘油渗透的方法，制造出了全新的火药，并先后在瑞典、英国和美国取得炸药的专利。

诺贝尔在临死的时候，将全部的遗产用于嘉奖做学问和为世界和平作出贡献的人，这就是著名的诺贝尔奖。

科学小贴士

诺贝尔奖是根据诺贝尔的遗言，以诺贝尔巨额遗产为基金，设定的世界最权威的文化、科学奖项。

诺贝尔奖设有物理、化学、文学、和平、医学或生理学等奖项，它是对“致力于人类福利有具体贡献的人”颁发的奖项。颁奖仪式在每年12月10日(诺贝尔逝世日)在斯德哥尔摩举办，和平奖除外。

门捷列夫
发现“元素周期律”

门捷列夫13岁时父亲去世，在父亲一位朋友的帮助下，门捷列夫进入彼得堡师范学院物理系学习。此后他大学毕业并荣获学院的金质奖章，23岁成为副教授，31岁成为教授。

我们应该永远铭记门捷列夫的格言：“什么是天才？终身努力，便成天才！”

门捷列夫以第一名的成绩从大学毕业后，继续从事化学研究。

他在德国留学的时候，在国际会议上，看到意大利化学家坎尼札罗提出的最

新的有关原子、分子的理论，产生了制作元素周期表的想法。

成为彼得堡大学教授的门捷列夫执笔编撰教科书。有一天，他吃早饭的时候，忽然想到可以将元素的种类进行分组。

“是啊！可以根据相对原子质量，将原子分类并制成表。”

这天晚上，门捷列夫将原子从小到大开始依次排列，将化学性质相似的元素分成一组，制成了一张表，即元素周期表。但这个表中有很多空白。

“这些空白将来会被填上新发现的元素。”

门捷列夫这样预言道。

“根本不可能！”

很多学者否定了门捷列夫的预言。

但是后来人们发现了可以填入空白处的新元素，验证了门捷列夫的预言。

在认识原子的全部规律中，这张元素周期表被认为起到了极其重要的、不可替代的作用。

科学小贴士

门捷列夫制作的元素周期表不仅写入了已发现的元素，而且还在空白处留下了没有被发现元素的位置。还将铍等几个元素的相对原子质量修改正确，并排列到了正确的位置。

他确立了元素周期的正确性，并详细预言了3种未发现的元素的性质。后来依次发现的钾、钪、锗3个元素的性质正好与他的预言相符。

戴姆勒与“四轮汽车”

戴姆勒公司不追求汽车产量的扩大，而只追求生产出高质量、高性能的高级别汽车产品。在世界著名的汽车公司中，戴姆勒公司产量最小，但它的利润和销售额却名列前五名。公司的广告声称：“如果有人发现奔驰车发生故障，被迫‘抛锚’我们将赠送您一万美金。”

发明四轮汽车的人是德国的机械工程师、发明家戴姆勒。戴姆勒曾在英国工业学校学习，并在英国实习后，回到了德国。他成了煤气内燃机公司的技师，当时他有了这样的想法：用汽油做动力来转动车轮吧！

戴姆勒进行研究之后，在 1883 年发明了汽油发动机。

在两年之后的 1885 年，这种发动机被装置在自行车上，制造出了最早的“摩托车”。

但是戴姆勒的目标并不是摩托车。

在多次研究之后，1886 年，戴姆勒把这种发动机安装在了马车上，制造出了装有汽油发动机的四轮车。

戴姆勒是世界上最早发明“四轮汽油

发动机汽车”的人。

戴姆勒在1890年建立了“戴姆勒摩托公司”，后来与“奔驰公司”合并成为“戴姆勒–奔驰公司”，从此扬名。

此后，汽车工业渐渐发展起来，进入了乘坐汽车舒服地旅行或运送货物的时代。

科学小贴士

摩托车在1950年开始迎来了约10年左右的第一次黄金时代，主要用于人或轻型货物的运输。之后摩托车的受宠程度虽然慢了下来，但在1970年代左右重新得到市场的宠爱，直到现在迎来了第二次黄金时代。现在虽然主要在休闲和运动等领域受到了瞩目，但因为便宜、简便，受到了很多人的喜爱。

本茨
发明“柴油发动机汽车”

出生于德国的本茨在工业学校学习机械工程学，并在工厂中积累了经验。结果与戴姆勒用不同方法制造了装置4缸的柴油发动机、表面汽化器，还兼备了电子点火装置，这样具有划时代意义的汽车诞生了。

“如果有体积小、动力强的发动机，那么就会使汽车跑起来……”

本茨这样想着。

这个时期被作为动力源的蒸汽机，因为稳定性被承认，被广泛应用于工厂机械、轮船或火车上。

正当本茨怀着发明发动机梦想的时候，发生了一场大火，放置柴油的桶因为盖子没有盖好，柴油气体充满了屋子，火烧到这里，导致爆炸。

本茨认真地思考了大火导致爆炸的原因。

本茨将柴油气体压缩后，开始研究使其爆炸的方法。

“用柴油应该能制造出体积小、动力强的发动机！”

这时候已经有柴油被用于内燃机，但并没有表现出很强的动力。

后来本茨用柴油作为动力制造完成的发动机比预期发挥了更大的动力。

1885年,本茨将自己发明的发动机装在三轮车上,并成功驾驶。

这样世界最早的汽车被制造出来了。

本茨从小开始就很喜欢机器,进入工业学校之后,对内燃机很感兴趣，内燃机使燃料的气体和空气的混合物在气缸中爆炸从而产生动力,驱使车轮运动。后来,本茨自己研究发明了性能更优越的发动机。

本茨在1893年完成了四轮汽车的研制,并建立了“奔驰公司”生产汽车。

科学小贴士

德国的机械工程师戴姆勒也同本茨一样想到了制造汽车。他在两年前已经研制完成了体积小、重量轻、动力强的柴油发动机，并与本茨在同一年完成了装有柴油发动机、带着四个轮胎的四轮车,并成功驾驶,制造了世界最早的戴姆勒汽车。但是本茨使用了电子点火装置,比使用炽热管点火的戴姆勒汽车性能更为优越。

科赫
发现“结核分枝杆菌”和“霍乱弧菌”

有一天，科赫的父母在清点他们的13个子女时，不见了儿子科赫。后来，焦急万分的母亲终于在一个小池塘边找到了他。这时，小科赫正蹲在池塘边聚精会神地看着一只漂浮的小纸船。当母亲不解地问他在干什么时，小科赫回答道：“妈妈，我要当一名水手，到大海去远航……”

如果要证明无论任何疾病都是由一种特定的细菌引起的，就要确定以下三个事项。

第一，这种细菌在患者体内的部位。

第二，将细菌从所在部位取出，进行人工培养(纯培养)。

第三，纯培养的细菌是否能引起同样的疾病。

这三种条件就是“科赫的条件”，直到今天这都是确定病原菌一定要经过的步骤。

当时，不仅在家畜中，在人群中传染的炭疽病也很流行，科赫在将引起这种疾病的病原菌的培养上，取得了成功。

起初他想在液体中培养病原菌，但后来发现在液体中容易与其他细菌混合。所以他用胶(将动物的皮或骨头一类的东西放到石灰水中，待很长一段时间后，再放水中煮，制作出来的物质)或琼脂(将红藻和紫色藻类煮出的黏性物质)来培养病原菌。

数年后，他还发现了结核分枝杆菌。

针对在埃及肆虐的霍乱病原菌，当时各大调查团相互竞争，最终科赫却最先发现了霍乱弧菌。

科赫在 1905 年获得了诺贝尔医学或生理学奖。

科学小贴士

结核菌素是科赫针对治疗结核病制造的药物，但后来被证明无法杀死结核菌。但是在结核菌的诊断上很有效，因此专门被用来诊断是否感染结核菌。

梅契尼科夫
守护神“白细胞”

梅契尼科夫在翻阅一大堆关于甲虫的资料后，觉得自己有一个新发现，很快就写好了一篇这方面的文章，连夜把稿件寄了出去。第二天，他又翻阅写过的草稿，发现昨天得出的结论是错误的。于是他又急忙写了一封短信寄给刊物的主编，信上说：“昨天寄的稿子，请不要发表，我发现我弄错了。”

梅契尼科夫 1888 年进入巴黎的巴斯德研究所，从事微生物研究的相关工作。

有一天，梅契尼科夫在看到幼虫细胞吞噬其他物质时，展开联想，得出了白细胞会吞噬细菌的结论。

梅契尼科夫这样主张道：“白细胞守卫着我们的身体。人体对疾病有免疫现象，这都是白细胞的功劳。”

梅契尼科夫发表了“白细胞（吞噬细胞）可以阻挡肺结核病原菌”的论文，在医学界引起了很大的轰动。但是刁难反对的学者也很多。

梅契尼科夫还对衰老现象进行了深入研究。

“人类为什么会变老、衰弱呢？”

他认为“人类的衰老是因为酒精和毒

素一类的东西使动脉硬化的结果”。

梅契尼科夫在研究抗衰老方法等方面做了很多实验，得出抗衰老应“多吃乳酸菌”的结论。他认为，人的自然寿命是150岁，并且相信饮用人工培制的乳汁可以使人活到这一高龄。

1908年，因为在人体免疫方面的突出贡献，梅契尼科夫和埃利希获得了诺贝尔医学或生理学奖。

科学小贴士

白细胞中的重要部分是占全体60%的中性粒细胞和占30%的淋巴细胞。白细胞起着保护生命体的作用，会直接吞噬从体外入侵的细菌和异物等。急性感染会使中性粒细胞增加，慢性感染会使吞噬能力比中性粒细胞强10倍的单核细胞增加。

爱迪生
照亮黑暗的“灯泡”

好奇心强，喜欢做实验的爱迪生在中学入学后三个月就被勒令退学。他 20 岁的时候，看到了法拉第的著作《电磁学的实验研究》，便决心成为电领域方面的发明家。

“好好听听，这个机器会唱歌。”

一边唱歌，一边运行机器的爱迪生这样说道。在他重新转动机器后，从机器中传出的不正是刚才唱的歌曲吗！

这个机器是圆桶周围挖出长长的凹槽，在上面铺上薄薄的箔（用金属做成的像纸一样的薄片），并且指针随着凹槽转动的装置。

“好伟大的魔术啊！”

这个机器就是后来风靡一时的留声机和唱片。

“唱歌机器”发明后被传到了美国各地，爱迪生被称为“门罗公园的魔术师”。

爱迪生在那之后，致力于发明照亮黑暗的“白炽灯”。

“一定要制造出用电的经济、安全、便

利的光源！”

爱迪生下定了决心。他遇到的最大的问题是通电后，灯泡中的灯丝很快就会烧完。

爱迪生使用了很多材料，但都不行。最终他用碳处理的棉线来进行实验，结果这种灯丝持续发光40小时以上。他成功了！

爱迪生成功制造出了灯丝，从此可以制造白炽灯了。

1876年他在纽约的门罗公园建立了很大的实验室和工厂，开始正式进行发明创造活动，他一生的发明共有1000多种。

“天才是百分之一的灵感加百分之九十九的汗水。”这是发明王爱迪生的名言。

科学小贴士

爱迪生的发明相当的多。1868年他不仅发明电子投票计数器，拿到了生平第一个专利，还发明了可以印刷文字的普通用印刷机、二重电报法、炭精棒送话器、留声机、白炽灯、活动电影机、爱迪生蓄电池等。

伦琴
神秘之光“X射线”

伦琴出生在德国，在上高中的时候，被勒令退学，但之后进入瑞士苏黎世大学学习。在这里他遇见了一名十分优秀的物理学教授孔脱，并成为他的助手，后被推荐到斯特拉斯堡大学当教授。伦琴发现的伦琴射线和玛丽·居里发现的镭一同被誉为物理学的两大发现。

给真空的玻璃管中通电，玻璃管中就会出现模糊稀薄的绿色光。这是玻璃管中的负极（阴极）到正极（阳极）有某种光线照射到玻璃上的原因。这个光线就是阴极线。

当时，人们并不知道“阴极线就是带负电的小颗粒（即电子）的运动”。

1895年11月，有一天伦琴在实验室中挡住光线，再将真空的玻璃管用黑色纸盖上，进行阴极线实验。

这时伦琴十分疲倦，在他暂时休息的时候，发现放在远处的荧光纸发出微弱的光芒。

“啊，这是怎么回事？”

荧光纸从某处受到光照才能发光，但在毫无光照的实验室中也会发光，这让伦琴感到十分震惊。

“在真空管中，难道除了阴极线以外还有另外一种光线吗？”

伦琴连续进行了几天的实验,终于证明了自己的设想。

他发现了一种现象:真空管中的阴极线从负极出来碰到正极的时候,就会发出另一种不知名的光线。

这个光线可以穿透纸以及薄金属,是一种很奇怪的光线。伦琴不知道它叫什么,就将它叫作“X 射线”。

伦琴在很多学者聚集处进行实验的时候，所有人都吓了一跳。X 射线下照出的照片中手的骨头都能清晰可见。

“X 射线”取自发现者伦琴的名字,因此也被叫做“伦琴射线”。

科学小贴士

想知道考古学出土文物或古代画作的材质和构造的时候,就要利用放射性透视,这时就要使用 X 射线。X 射线在通过物体的时候,根据物体的材质和构造,其吸收程度也不同。然后将这些照到胶片上，就会照出物体的品质、形状等多种照片,从此可以知道外部无法看到的微妙的内部构造。

贝尔
发明“电话”

1915 年 1 月 25 日的跨洲电话开通仪式上，在纽约的贝尔对在圣弗朗西斯科（旧金山）的沃特森将 39 年前著名的对话重复了一遍。“沃特森，快点来。”沃特森这样回答道：“很乐意去，但是最少也要等一个星期。”

“一定有办法可以将人的声音直接用信号传递……”

贝尔在听一节关于电报课程的时候，突然产生了这样的想法。他立即购买了电报机，整天研究这个机器。

朋友们问道：“贝尔，你要成为电报技师吗？”

贝尔半真半假地回答道：“惠特曼教授因为发明传递符号而知名，我要通过直接传递人们的声音而知名。”

偶然的一句话能够成真，这是当时连贝尔自己也没有想到的。

“将振动通过电流传出，不就会将声音传到很远的地方吗？”

以此为基础，贝尔进行了各种实验和多次研究，最终利用磁铁发明了电话机。

1876 年 3 月 10 日，发明电话机的贝尔同助手首次通话的内容是：“沃特森，快点来！”

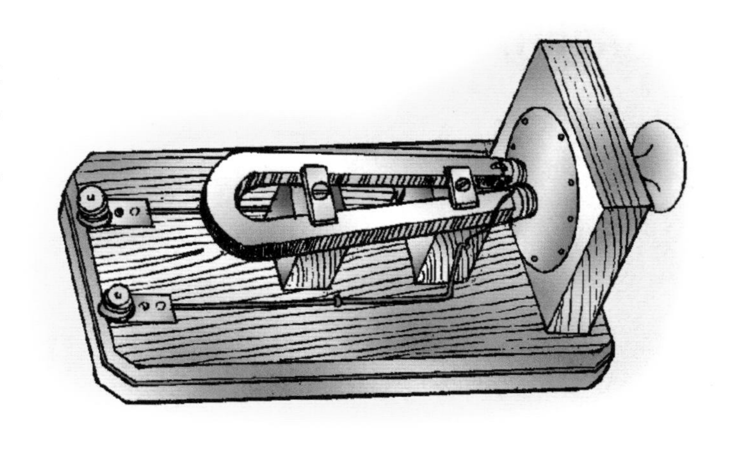

贝尔为了在收话机中消除杂音，最先使用稀酸的时候，将装有稀酸的瓶子弄倒了，这时贝尔以为沃特森在隔壁房间，就叫他。但是沃特森在 1 楼进行受话器(听筒)实验，在受话器中听到了清晰的声音，他十分震惊，跑向贝尔报告。于是他们从中得到了启发，将收话机中的杂音逐渐消除。

贝尔是苏格兰爱丁堡一名教育者的儿子，并在那里接受初等教育，后随父亲来到美国。

之后，贝尔成为波士顿大学的教授，教授聋哑人“语音生理学”和父亲研究创造的“看着说话的方法”。

发明电话机的贝尔在次年创办了“贝尔电话公司”，3年后被刊登于科学杂志，在人类科学史上作出了杰出贡献。

科学小贴士

贝尔制造的电磁式电话机得到了专利权，它的原理是这样的：电话机的送话器和受话器都是在电磁铁的近处装有一个薄薄的可震动的铁片，语音使铁片振动，这种振动就会被电流传到受话器一端，然后再生成语音。

巴甫洛夫
提出“条件反射”学说

巴甫诺夫在实验中先摇铃再给狗食物，狗得到食物会分泌唾液。如此反复。经过30次重复后，单独的摇铃声音刺激就可以使其产生很多唾沫。这种由铃声刺激引起的唾液分泌的反映叫做条件反射。

巴甫洛夫为明确消化的作用进行了深入研究。

为查明唾液的含量，他在形成唾液的组织中放入一根管子直接收集唾液，或在实验动物的腹中放一个仪器，直接用肉眼观察胃中食物的状态。

因研究消化液的分泌和神经作用间的关系有重大发现，巴甫洛夫在1904年获得了诺贝尔医学或生理学奖。

消化是怎样形成的呢？

巴甫洛夫在研究消化原理期间，了解到了“条件反射”现象。

巴甫洛夫发现狗将食物放入嘴里以前，即使听到喂食者的脚步声也会很自然地流口水。

将食物放进嘴里时会流出口水，这是单纯的"反射"，也叫非条件反射。小狗因听到脚步声流出口水，"脚步声"对小狗流出口水产生的不是直接的刺激，而是间接的刺激，因此，巴甫洛夫将小狗的这种反应称为"条件反射"。

巴甫洛夫了解到条件反射与大脑最外层部分的"皮质"有关，如果将动物大脑的一部分皮质去除后，将不会再发生条件反射。

"原来利用唾液的分泌作用，可以研究大脑的功能啊！"

这正是"条件反射学"学科的开始。巴甫洛夫指明了大部分"本能"都是条件反射。

之后，巴甫洛夫的后继者通过研究，知道了条件反射在学习、养成习惯、情绪反应等方面也起到了重要的作用。

条件反射在对动物记忆和学习的研究中被广为应用。

科学小贴士

巴甫洛夫将条件反射分为第一信号系统和第二信号系统。动物通过直接经历形成的条件反射称为第一信号系统，不是直接经历的，通过语言间接学习的语言条件反射称为第二信号系统。由于人类运用第二信号系统，所以可以将个人的经验传达给别人。

汤姆孙发现“电子的存在和性质”

汤姆孙出生于英国曼彻斯特的一个富裕的商人家庭。14岁进入曼彻斯特大学学习，之后在剑桥大学学习。

因发现了电子的质量和原子的模型，并制作出了质量分析仪，汤姆孙获得了1906年的诺贝尔物理学奖。

1884年，时任剑桥大学教授的汤姆孙，通过气体放电的实验发现了“电子的存在”。

他将很稀薄的气体放入玻璃试管中，在试管两头装置的电极间施加电压时，从负极向正极会弹出一些肉眼看不到的东西。但是不知是什么东西使玻璃试管中的气体发亮或使玻璃试管发亮。

这就是今天日光灯中运用的气体放电的现象，但当时人们并不知道它的具体情况。

汤姆孙制作出巧妙的装置，查明了它的本质。

那些肉眼看不到的东西是“带负电子

的小粒子”。

汤姆孙继续深入地研究。他明确指明：不论是何种原子，都无一例外包含有小粒子（电子）。

继发现电子后，汤姆孙还绘出“原子内的电子是怎样的形状”的模型。

但事实上与汤姆孙的模型相比，这一时期日本科学家长冈半太郎的模型更接近原子的形态。最终汤姆孙的弟子卢瑟福用实验将原子的形态表现了出来。

汤姆孙有许多的弟子，树立了自己的学派。后来成为英国皇家学会会长的汤姆孙，虽然在英国科学界是举足轻重的人物，但朋友和学生都亲切地称呼他为“JJ”。

科学小贴士

约2400年前，希腊人德谟克利特提出了“不论什么物质都有原子”的观点。之后把原子与基本的物质种类（元素）相结合，对原子像现在的模型一样考虑的是英国的科学家道尔顿，指明原子本身到底是以何种构造存在的则是汤姆孙。

比奈
奠基 IQ 测量

“智力检查等于是盖了一个不幸的印章。它容易让人误解成智力是固定的、不变的”。

这是美国国立研究审议会对乱实施智力检测，把人的智力无条件地按那个方法分成等级提出的警告。

智力的高低(即智商)称为 IQ。上过学的人，很多都接受过智力检查。

对智力等级进行研究的人就是比奈。

比奈是法国人，职业既是医生又是心理学家，他在实验心理学、异常心理学、儿童心理学领域都留下了卓越的业绩。

比奈毕业于索尔本大学，后就任心理学研究所所长，1908 年，他与西蒙编成了《比奈-西蒙量表》。

1894 年，比奈开始研究儿童的记忆力、想象力、文章理解能力、注意力、判断力等精神能力的测定方法。

1903 年，比奈发表了“智力的实验研究”一文，第二年公共教育部长对巴黎公立学校下达了指示：按比奈的方法，分出正常智力以下的儿童。其结果是 70%左右

的儿童通过了这个测试。

普通儿童的智力指数是1，正常智力以下就是1以下，当然优秀的人智力指数要比1大。

有一段时间，人们认为IQ一生都不会变化，认为成人的智力会继续维持在儿童时期实施智力检测时的水平，但这种理论是错误的。

科学小贴士

IQ不可能永远一样，IQ可以通过特殊的教育提高。由于测试用的问题的主题或词语的生疏等因素，不可能适用在所有人身上。

赫兹
证明电磁波的存在

1883年，赫兹开始在卡尔鲁厄大学讲授理论物理学，并升任大学教授。但从1892年开始，由于慢性败血症，身体状况恶化，37岁便英年早逝。

由于电的震动引起的波动称为电磁波。因为这种波的问世，包括收音机在内的电视机、晶体管等家电用品才得以问世。由此我们的生活变得更加方便了。

电磁波一直存在，1871年英国的麦克斯韦揭开了它的真面目。

他指出“电子与磁以电磁波的形态在空间内传播”。

之后，德国的物理学家赫兹用实验证明了电磁波的存在，人们从此进入了电磁波的时代。

赫兹证明了电磁波的存在，并确定了它与光波相同，树立了“赫兹力学”。这一力学是从时间、空间和质量3种基础上开始的。

电磁波学科从第二次世界大战以后

迅速发展。战争开始后，对电磁波和电子武器的研究变得活跃起来，战争结束后，这种技术则转向方便我们的生活。

不仅是家电用品，电磁波在通信、传送等领域都有应用，因此，电磁波也被称为“现代的万能材料”。

无论是麦克斯韦，还是赫兹都不会想到自身的发现会对如今人类的生活起到翻天覆地的变化。

振动频率的单位取自赫兹的名字，叫“赫兹(Hz)”。

科学小贴士

赫兹悬挂一截粗且直的金属棒子，在一端连接一个小金属球，通电后火花四溅，由于放电产生了电磁波的传递。

齐奥尔科夫斯基
宇宙时代的基础：火箭

根据齐奥尔科夫斯基的研究，美国的戈达德第一个发射火箭。德国的冯·布劳恩发明了V2火箭，在第二次世界大战时被使用。德国战败，火箭技术移往美国和俄罗斯，现今发展成宇宙技术。

很久以前，火箭就作为武器使用，但一直隐藏在20世纪初新登场的飞机的阴影下，被人们所忘记。但齐奥尔科夫斯基想起了它。

“人类要想飞上宇宙，只有坐火箭这一种方法。”

齐奥尔科夫斯基追求新的火箭理论。因此他发表了论文“利用喷气工具研究宇宙空间”。在论文内容中包含有可以成为现代火箭理论基础的液体燃料、多段式火箭等的研究。

1917年，俄国“十月革命”爆发，当时的俄国成为苏维埃联盟。齐奥尔科夫斯基的业绩被予以很高评价，因此他得到了研究经费。虽然齐奥尔科夫斯基已是高龄了，但依然热衷于宇宙航空理论的研究，发表了许多相关研究的论文，还发表了幻想未来宇宙生活的科幻小说。

齐奥尔科夫斯基在童年时患上了一种名为猩红热的可怕的传染病。虽然捡回了一条命，但几乎完全失去了听觉。即使上了学，也只能呆呆地坐着，回家后读一些物理或数学方面的书籍，制作一些模型或绘制一些设计图。

渐渐地，生理上的缺陷使他无法再继续上学，只有待在家里认真阅读科学书籍。16 岁时他寄住在莫斯科，来往于图书馆，阅读各种各样的科学书籍，回家后则做物理和化学实验。几年后，齐奥尔科夫斯基通过了教师验证考试，一边教学生，一边研究航空理论，为人类宇宙时代的来临奠定了基础。

科学小贴士

火箭是可以飞行于宇宙空间的飞行器，是开发宇宙的最基本的工具。

一般的飞行器备有燃料，燃烧所需要的氧气要从大气中提取。但是火箭自身带有燃烧剂和氧化剂，在没有空气的宇宙中也可以飞行。

狄塞尔
发明“柴油机”

狄塞尔出生于巴黎，后来同父母一起移居英国，之后去了叔叔所在的德国生活。在德国先上了一所工业学校，后上了慕尼黑工业大学。他对林德教授的热力学课程非常感兴趣，毕业后进入林德公司从事制造冷冻机的工作，开始研究内燃机，后来成功制造出实用的柴油机。

蒸汽机性能不是很好。当时在巴黎的冷冻机制造公司任工程师一职的狄塞尔这样认为。

“用这种简陋的机器可以干什么事情啊，制造一个新的动力装置吧。”

狄塞尔在研究期间，听说了以汽油为燃料的汽油机。

“汽油确实是很好的燃料，但还需要有比它更实用的发动机。”

狄塞尔制作了使用氨气的机器，但结果并不令人满意。

“是的，将空气在气缸内压缩，提高温度时，加入瓦斯，就会爆发吧！”

这时，狄塞尔公布了柴油机的原理，当时石油产品在欧洲极为罕见，于是狄塞尔决定选用植物油来解决机器的燃料问题(他用于实验的是花生油)。

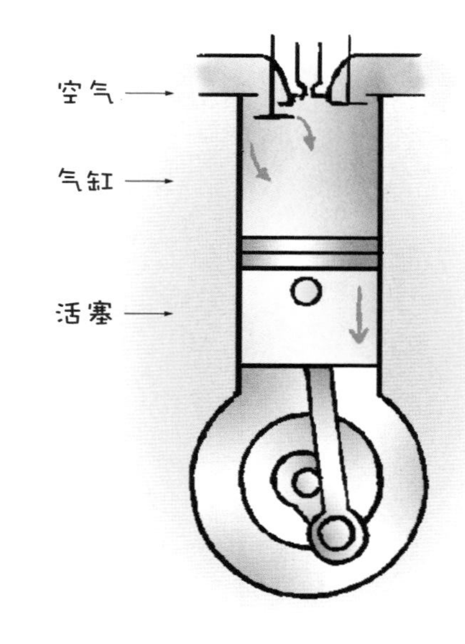

像所有伟大的发明家一样，狄塞尔的前进道路上困难重重。实验证明，植物油燃烧不稳定，成本也太高，好在当时石油制品在欧洲逐渐普及，狄塞尔选择了本来用于取暖的柴油作为机器的燃料。一次实验中，汽缸上的零件像炮弹碎片一样四处飞散，差点儿造成人员伤亡。但狄塞尔没有向困难屈服，他利用业余时间继续实验，一步步完善自己的机器。

1892年，狄塞尔终于能够向全世界展示自己的成果——一台实用的柴油动力压燃式发动机。这种发动机功率大，油耗低，可使用劣质燃油，显示出辉煌的发展前景。

进而，不仅在德国，在欧洲其他的国家，也开始在汽车和机动车中用柴油作为能源。1910年，阿蒙森率领的南极探险队也使用了柴油机。

科学小贴士

与汽油机相比，柴油机使用价格低廉的重油、轻油等作为燃料。因为燃烧所需的量少，所以在内燃机中被广泛使用。

柴油机主要用于船舶、卡车、公共汽车、耕耘机、压缩机、灌溉机、紧急通信等的电源；也用于煤炭和采石厂等。

福特
发明“福特汽车”

1908年福特汽车公司生产出世界上第一辆属于普通百姓的汽车——T型车，世界汽车工业革命就此开始。

1913年，福特汽车公司又开发出了世界上第一条流水线，这一创举使T型车一共达到了1500万辆，缔造了一个世界纪录(后被大众-甲壳虫以累计2000万辆的记录打破)。

19世纪美国发明了电灯、电话，修了铁路，汽车工业也开始发展起来。

在农场干活的福特抱着“制造一辆汽车”的梦想，与妻子商量后移居底特律(底特律的汽车工业非常发达)。

福特进入爱迪生电器公司底特律分公司工作，开始了对发电机的研究。他常常是回家后就到仓库，在妻子的帮助下进行实验。福特的家经常传出工具的声音和发动机的声音。

某一天清晨，福特试开了制造出的新车，汽车踉踉跄跄地在路上前进着。

此后，他一直致力于原来车型的改良工作，终于将原有车型改良成可以实际使用的汽车，并取名为“闪电号”。

底特律的市民稀奇地看着乘坐奇怪

汽车的福特。

那段时间，美国已经使用了大型蒸汽机车，看到福特的简单小巧的车，当然会投以关注。

之后开着“闪电号”参加比赛的福特赢得了胜利。参赛时福特是“999”号，他用带着四个气缸的车子击败了所有对手赢得第一名，美国的汽车业界开始沸腾了，福特一举成名。

之后，福特在1903年创立了汽车公司，开始正式生产汽车。他制造的“福特汽车”十分热销，福特的企业也成了世界上最大的企业之一。

科学小贴士

法国的乔弗莱第一个制造出机械三轮汽车。当时这辆车的速度只达到人们行走的速度，操纵装置也不完善。

奥地利的齐格弗里德是最早制造使用汽油的汽车。之后1913年，福特批量制造了价格低廉、速度快的汽车，随后汽车开始普及起来。

贝克兰
发明“塑料”

贝克兰只有一套正装，为了让他换套衣服，妻子在服装店挑了一件125美元的套装，预付了店主100美元，并要他挂上一个25美元的标签。贝克兰经过服装店时就买下了它。回家路上碰到邻居便以75美元卖给了邻居，到家后他特意向妻子炫耀此事以便显示自己的精明。

贝克兰，研究“不易溶化且柔软的东西”，最终制作出了合成树脂“塑料”。

化学家、发明家贝克兰出生在比利时。在1889年移民美国，发明了改良式照相纸和合成树脂“酚醛塑料”，创立了“通用酚醛塑料”公司，成为塑料行业的先驱者。

酚醛塑料是取自发明者贝克兰的名字而得的。它是以苯酚和甲醛为原料制作出的人造合成树脂。甲醛是甲醇蒸馏后制成的味道刺鼻、无色的化学物质。

这是一种不导热和电的透明物质。因为可以耐高温、耐弱酸、碱和油等物质，而被广泛用于制作电器、绝缘材料和容器等领域。

今天我们周围有很多便宜又结实的

塑料制品。在电源插座、各种物品的顶部、把手、边缘都可以轻易看到它的身影。它给我们的生活带来了便利,在大众当中广受欢迎。

塑料弥补了资源的不足,并逐渐开始成为橡胶、木材、金属等的替代品。

科学小贴士

因为有轻巧、耐久力强、着色自由、可以制作出各种不同的形态等优点,塑料的使用范围非常广泛。

塑料还有一个优点就是:强度调节很容易,可以自由制作出导电体或绝缘体。但是要注意的是,塑料不被容易腐蚀,因此如果到处乱扔的话,会成为污染环境的元凶。

摩尔根
研究“果蝇突变”

摩尔根大学期间研究生物学，后在意大利的那不勒斯动物站游学一年左右。

在那里摩尔根了解到“生物学最重要的是用实验证明问题”。

即使摩尔根年纪大了，但由于对胚胎学感兴趣，一直没有停止研究。

摩尔根从年轻时就对动物的再生现象很感兴趣。例如，剪掉蜥蜴的尾巴还可以再长出来等事情。

他以观察出的结果为根据，将自己思考的理论写成了一本书，书上有很多有意思的内容。

“真涡虫属”是一种低等生物。摩尔根将它的身体用刀片切断。结果从切断的部分又重新长出头和尾巴，身躯比以前要短小，最后成为一只完整的真涡虫属。

摩尔根 38 岁时成为哥伦比亚大学的教授，在那里，摩尔根遇到了荷兰的植物学家布里季斯。受到他的影响，摩尔根开始正规地研究遗传学。

“验证一下孟德尔的规律吧。”

摩尔根抱着这种决心，把黄猩猩果蝇

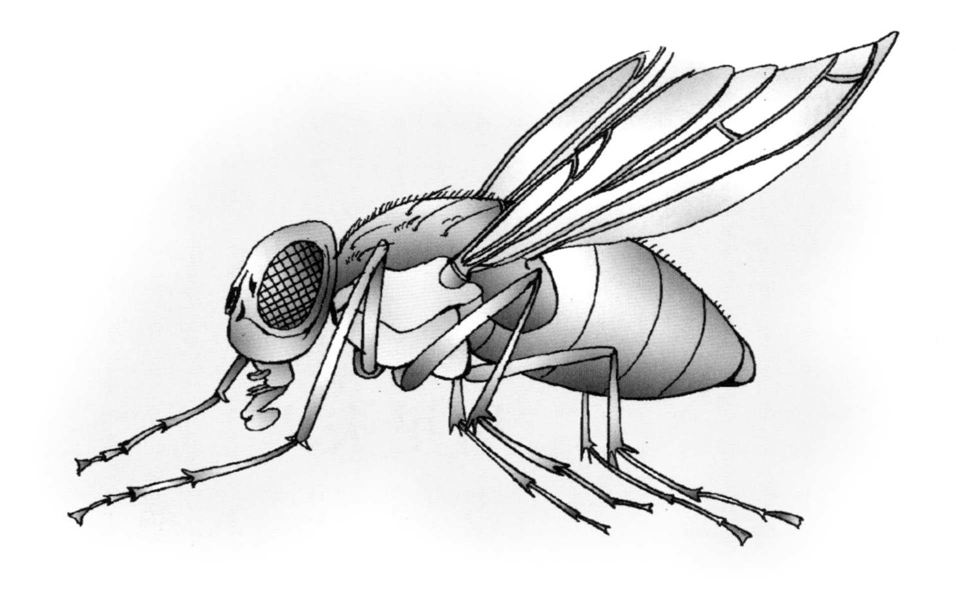

作为实验材料。

黄猩猩果蝇是伴随着东南亚香蕉一同进入美国的，虽然很好养，但很容易发生“突变”。

突变是指在一定条件下，生出与母体完全不同的个体。

某一天，来实验室玩的学生发现，黄猩猩果蝇的眼睛颜色不同。摩尔根被这个学生细致的观察力感动，将他收为助手。

根据研究结果，摩尔根得出了这样的结论：基因是在线一样的染色体上，如珠子一样分布。此后，摩尔根把这一想法发表成“基因学说”。

由此，“孟德尔的规律”才被正式认定为遗传学的基本规律。

科学小贴士

突变可能是因为基因自身的变化引起，也可能因为染色体一部分的丢失或多余的增加引起基因增加，导致基因变化。突变可能是天然产生的，也可能是人为的放射线或化学物质等的影响下引起的。

居里夫人
发现“镭”元素

有一个记者对玛丽·居里说，如果申请制造镭的专利，你将成为大富翁。玛丽·居里这样回答他：“镭元素是属于全人类的，我怎么能用专利独占它呢？我只希望它可以用于人类的和平。”

法国的科学家贝可勒尔有这样的发现：铀的化合物总是释放出肉眼看不到的奇怪的光线。

这种光线，人们叫它“贝可勒尔光线”。

比埃尔·居里和玛丽·居里（居里夫人）开始研究贝可勒尔光线的实质。

1898年，两人在查找包含铀的矿石的时候，发现了比铀放射能力更强的两种元素。

居里夫妇把这两种元素称为“钋”和“镭”，他们经过不断的努力，成功地从矿石中提取到纯净的钋和镭。

艰辛的研究在持续着。1902年，进入实验室的居里夫妇吓了一大跳。实验室正发出绿莹莹的光。

“啊，那光！真美丽的颜色啊！”

就这样，发现放射性元素的居里夫妇

同贝可勒尔一起获得了诺贝尔物理学奖。

玛丽·居里出生于华沙的一个贫困的家庭，担任家庭教师后，好不容易才进入巴黎大学读书。此后她获得物理考试第一名，第二年获得数学考试第二名。

丈夫比埃尔·居里同样毕业于巴黎大学，后在学校担任助教一职，最后成为教授，1895 年与玛丽·居里结婚，婚后两人一起进行科学研究。

但是比埃尔·居里死于车祸。玛丽·居里在失去丈夫后，独自继续研究，1911 年又一次获得了诺贝尔化学奖。

科学小贴士

镭是一种存在于碱性土壤当中的放射性元素，同钋一起，是在铀矿石当中最早被发现的放射性元素。它可在医疗、工业上用于放射性照相法、发光涂料的研制等。

放射性最早是从铀里发现的，远比铀的放射性强的镭的发现，对放射性的研究有了巨大的推动作用。

莱特兄弟
最初的飞机“滑翔机”

莱特家有5兄弟，只有奥维尔·莱特和威尔伯·莱特没有上大学，他们经营自行车公司，最后却实现了巨大的梦想。

当时在欧洲有许多人想制作飞机，但都失败了。

在美国，天文学家兰利制作了飞机模型，用马达驱动，以时速50千米的速度成功飞行了一段距离。兰利从中获得自信，声称一定要制作出人类可以乘坐的飞机。于是美国陆军决定给他提供经费。

这时莱特兄弟也决心研制飞机。但他们的研究费用只能由自己提供！

兄弟二人一直学习，终于在1900年第一次研制出了有两个翅膀的滑翔机，机翼长4.4米。

兄弟二人在邻近大西洋的一个小村庄的海边试飞了滑翔机。滑翔机像风筝一样在天空飞行。他们也绑着绳子试坐了一次滑翔机。

第一次实验获得成功，莱特兄弟在第三年研制出了机翼为 9.8 米,重量为 53 千克的滑翔机。他们乘坐这架滑翔机 10 天内飞行了 700 次。

1903 年，在滑翔机上安装了直径为2.7 米的螺旋桨和 12 马力的马达。由此,莱特兄弟研制的已不再是滑翔机了,而是真正的飞机了。另一方面,兰利多次尝试都以失败告终后,最终放弃了发明飞机的想法。

同年 12 月 17 日，莱特兄弟创造了人类乘坐飞机第一次飞上天空的记录。当时观看的人只有区区 5 人。

后来经过反复实验,飞行距离逐渐延长。莱特兄弟实现了人类像鸟一样飞翔在天空中的梦想。

科学小贴士

滑翔机基本原理:飞机必须以升力克服重力,以推力克服空气阻力才能飞行。飞机产生升力是借着机翼截面拱起的形状,当空气流经机翼时，机翼上方的空气分子因在同一时间内要走的距离较长,所以跑得比下方的空气分子快,造成在机翼上方的气压比机翼下方的气压低。如此,机翼下方较高的气压就将飞机支撑着,而能浮在空气中。

兰德斯坦纳发现“血型”

在北欧，A型血比B型血的人多，而在一些亚洲国家或地区，这种情况却颠倒了过来；另一个惊人的例子是美洲的印第安人，他们的血型高度一致，几乎都是O型血。

“人的血液也有某些性质吗？”

抱着这种思想的兰德斯坦纳进行深入研究，研究的结果确定了“人类的红细胞与别人的血液混合后，有相互牵引的力存在，有的会发生凝集现象，有的则不”，最终他发现了“血型”。

兰德斯坦纳沉迷于研究血液，查明蛋白质中活着的细胞中的其他的成分。

一个人的红细胞和另一个人的血清相混合后，细胞凝聚在一起。红细胞当中有两个蛋白质物质或是标识物。

兰德斯坦纳把这些用A、B、O、AB四个符号表示，区分不同的血液类型。

研究结果发现，A型血和B型血相斥，所以不能相互输血；AB型可以从所有的血型血液中得到输血，但只能给AB型输血；O 型只能接受O 型的输血，但可以给所有血型的血液输血。

兰德斯坦纳不仅发现了上述的四种血液类型，此后还同美国免疫学家列文共同发现了血液中的M、N、P 因子。

当时，因为缺血，输血后死亡的事情屡见不鲜。但发现血液类型后，第一次世界大战时，2000 余万伤兵可以输血接受手术从而挽回了生命。从此以后，无数的患者因兰德斯坦纳的发现得以维持生命。

科学小贴士

血液随着血管在全身流动，起到搬运养分和氧气、吸收二氧化碳的作用。

由白细胞、红细胞、血小板、血浆构成的一滴血中，有约 500 万个细胞。

血液是由充满在骨头内的软组织——骨髓形成的，1 秒钟可以形成 100 万个以上的红细胞。

马可尼
发明“无线电”

无线电技术发明之前，要通信首先要有线路，而架设线路受到客观条件的限制。高山、大河、海洋均给线路的建造和维护带来很大的困难。无线电通讯技术，使通信摆脱了依赖导线的方式，是通信技术上的一次飞跃。

“是的！制作无线电吧。”

马可尼阅读了物理学家赫兹的论文后，有了制作无线电台的想法。

19 岁那一年，马可尼持续进行着电磁波的实验，终于成功接收到电磁波，之后他依然继续研究和实验。

1895 年，马可尼利用天线的原理，成功将信息传送到一英里以外，但是意大利政府却拒绝了他的专利申请。

为此，马可尼带着无线电装置去了英国，英国政府对他的实验提供了帮助。

之后，马可尼改良无线电，并成功在英国和法国之间实现无线通信，接着成功实现了英国和美国之间的无线通信。

马可尼不仅实验成功了，还得到专利权。随后，他在伦敦创立了“马可尼无线电公司”。

“为人类的发展和幸福，我将所有的能力都倾注在了无线通信上。”

这是马可尼说的一句话。实际上，他的无线通信技术不仅为人类的通讯提供了便利，还救了许多遇难的船只。

此外，马可尼还发明了“圆盘发电机”，并在1909年，与德国的布劳恩一起获得诺贝尔物理学奖。

发明无线电的马可尼，和爱迪生、贝尔都是19世纪后半期的天才发明家之一。

科学小贴士

马可尼是在思考延长天线的基础上，发明了无线通信装置。他还发明了磁检波机、水平指向天线等。

之后，他请包括弗莱明在内的很多科学家作顾问，致力于通信距离的延长，改善同调，消除共振和串线等。

普朗特
开启“航空术”

中国第一个空气动力学专业的创办者陆士嘉早年在德国学习。当时中国人被人看不起，普朗特教授也从来不接收女研究生，因此，她被拒之门外。陆士嘉很不甘心，她表示：“如果我考试成绩不好，我决不乞求。”陆士嘉的考试成绩之好使普朗特深感意外，她也成为普朗特的学生。

像鸟一样飞翔，是人类的梦想。这个梦是由莱特兄弟实现的，但是还有不足之处。为了更快一点、更安全地在天空中飞翔，科学家们费尽了心思。

“空气中挥动翅膀的力量是怎么来的呢？”

这个时期，普朗特在进行吸尘器的改良工作。他通过管子来研究空气的流动，并得出了“边界层”理论：流体向物体上移动的时候，边界层内，紧贴物面的分流体由于分子引力的作用，完全附于物面上，与物体的相对速度为零。

普朗特持续了7年的研究后，在该领域有了更深的认识。

普朗特作为德国应用力学学者在慕尼黑大学毕业后在高校任教，提出机翼理论，奠定了航空力学的基础。

普朗特的理论为制造超声速飞机提供了依据，而这一成果又推动了固体燃料火箭的发明。

科学小贴士

航空器指飞机、飞艇、气球及其他任何借助空气的反作用力，得以飞行于大气中的器物，但不包括宇宙飞船和导弹。

航空器包括比空气轻的轻航空器（热气球等），还包括重于空气的重航空器。

重航空器是通过利用对空气做相对运动的机翼产生的动态浮力而运动飞行的。

飞机、飞艇、直升机都属于重航空器。

爱因斯坦
完成"相对论"

一个记者问爱因斯坦成功的秘诀。他回答："我还是22岁的青年时，就已经发现了成功的公式。我可以把这公式的秘密告诉你，那就是'A=X+Y+Z！''A'就是成功，'X'就是努力工作，'Y'是懂得休息，'Z'是少说废话！这公式对我有用，我想对许多人也一样有用。"

在瑞士首都伯尔尼专利局工作的爱因斯坦，下班后一边推着婴儿车一边研究物理学。

爱因斯坦接二连三地发表了自己的物理学理论。在他发表的论文中，1905年发表的"狭义相对论"最为著名。

这一理论结合了麦克斯韦的电子与磁场的理论，但研究结果已经拓展到了更为宽泛的领域。

根据这一理论，"时间"和"物体的长度"都不是绝对的，而是根据要测定其程度的人类的运动方法而改变。

例如，运动速度快的人的时钟会相对放慢，衡量的尺度就会减小，如果是在速度接近光速的火箭上面的航天员，就会在不会很老的时候在距离200万光年外的

银河系走一个来回。

爱因斯坦从小就有超于常人的数学天赋，就连“毕达哥拉斯定理”也能独立证明。

爱因斯坦在 1901 年获得瑞士国籍，在专利局工作，研究物理学。他的目标是发现一个能够完整说明宇宙整体结构的理论，“相对论”不过是其中的一个阶段。

1913 年他返回德国，但由于受纳粹迫害，爱因斯坦流亡到美国，仍然继续自己的研究，并向当时的美国总统罗斯福提议制造原子弹。

科学小贴士

爱因斯坦 34 岁时，成为柏林物理学研究所的教授，在 1916 年提出了“广义相对论”。

“广义相对论”预言了光会因重力原因而产生扭曲，这一理论通过观测日食等试验得到确认。2009 年 10 月 4 日，诺贝尔基金会评选“1921 年物理学奖得主”爱因斯坦为诺贝尔奖百余年历史上最受尊崇的 3 位获奖者之一。

魏格纳
提出“大陆漂移说”

魏格纳率领一支探险队，登上格陵兰岛进行考察，在零下65℃的酷寒下，到达了爱斯密特基地。他在庆祝完自己50岁的生日后冒险返回西海岸基地，但不久便失去了踪迹。直至第二年4月人们才发现他的尸体，魏格纳已经被冻得像石头一样与冰河浑然一体了。

有一天，魏格纳望着世界地图，发现南美大陆的东海岸和非洲大陆的西海岸的海岸线形状非常相近，在地图上测量后，发现两个海岸的海岸线基本吻合。

魏格纳调查了南美大陆和非洲大陆，惊奇地发现两地有相同的生物化石和岩石。

“南美大陆和非洲大陆在远古时期一定是连在一起的。”

为了证实自己的想法，魏格纳收集了更多的证据。在这个过程中，他还发现从地层连接状态上看，不仅是两个大陆，全世界的陆地都曾经是同一个大陆。

“喜马拉雅山脉是印度半岛和亚洲大陆发生冲撞的时候产生的，阿尔卑斯山脉是非洲大陆和欧洲大陆发生冲撞的时候产生的。”

“地球上的大陆本来是一个单一大陆，它经过了几亿年的移动才形成了今天的样子。”

1912 年魏格纳发表了“大陆漂移说”。这一理论打破了当时大陆不可能移动的常识性言论。

为了进行考察，他曾经徒步翻越阿尔卑斯山，还坐着热气球进行观测。为此，他在热气球竞赛中还曾经创造了 52 小时的飞行纪录。魏格纳还多次进入格陵兰岛探险，最终将自己也留在了那里。

魏格纳的大陆漂移说在他去世 20 年后才被“板块构造学说”所证实。

科学小贴士

大陆漂移说是一个指出 3 亿年前地球是一个单一大陆的学说，将最初的单一大陆称之为“庞哥”，虽然当时未被认可，但在 1957 年，相关的研究得以进行，使大陆漂移说受到关注。

从大西洋的海底山脉分裂的中央线来看，两侧大陆是从此地分离的。

弗莱明
发现“青霉素”

弗莱明外出度假时，把实验室里正在培养皿中生长着的细菌这件事给忘了。3周后当他回到实验室时，看到一个与空气意外接触过的金黄色葡萄球菌培养皿中长出了一团青绿色霉菌。随后的实验表明，上述霉菌为点青霉菌，因此弗莱明将这种抑菌物质称为青霉素。

在英国圣玛丽医科学院毕业后，弗莱明到了接种预防研究所工作。第一次世界大战期间，弗莱明主动请缨到野战医院工作，参与救治伤兵。

当时的医疗水平还很落后，没有能够有效抑制病菌的药物，很多伤员都因为病菌感染而失去了生命。为此，弗莱明暗下决心：一定要制造出既能杀病菌，又对人体无害的药品。

经过无数次的研究，弗莱明终于在实验中发现了能够吞噬病菌的霉菌。

他从面包和几种食物的菌类繁殖中产生的青色霉菌分泌物中提取出了一种抗生素——青霉素。

“奇迹般的药物诞生了！”

青霉素一经问世，便引起了极大的反

响，人们犹如遇到救世主一般兴奋。因为肺部炎症、炭疽化脓和细菌感染等生命危在旦夕的患者，在使用了青霉素以后都奇迹般地康复了。

“有了青霉素，就好像在悬崖顶端已经粉碎的石头中重新生成了土壤，又正巧被飞来的种子选中而发芽，长出新的生命一样神奇。”因为青霉素的问世而重新获得生命的病人们这样评价它。

弗莱明因为发现了青霉素在 1945 年与另外两名一起研究病菌的科学家共同获得了诺贝尔医学或生理学奖。

科学小贴士

霉菌和蘑菇一样不能进行光合作用，只能靠在其他动植物或食物中寄生、吸收养分而存活。根据颜色可分为青绿色的青霉菌，黄绿色的草色霉菌，古铜色和浅绿色相间的黄色霉菌，黑色的黑色霉菌，还有蜘蛛网霉菌。

霉菌有腐蚀食物的不良作用，但也有能够生成青霉素的青色霉菌；制造大酱以及酿酒时需要的黄色霉菌。

戈达德
发射首枚火箭

首位提出将火箭应用于人类宇宙旅行的人是齐奥尔科夫斯基，他发表了“根据火箭飞行体的空间研究”一文，但未见任何成效。后来，是美国的戈达德发射了第一枚火箭。

“人类可以进行宇宙之旅吗？”

人类可以发射人造卫星，但必须接近光速或者超声速。帮助人类实现这个梦想的就是发射卫星和导弹用的火箭。

作为宇宙飞船重要组成部分的火箭，通过后方气孔喷出高温气体的反作用力向上飞出。

美国的戈达德在1926年发射了世界第一枚火箭，并获得成功，开辟了宇宙科学的新纪元，他创造了液体燃料时速100千米，高度为56千米的飞行纪录。

戈达德小时候读英国作家H·G.威尔斯的科幻小说《星际大战：火星人入侵地球》。说来也真奇怪，戈达德说：“当我仰望东方的天空时，我突然想：要是我们能够做个飞行器飞向火星，那该有多好！我幻想着有这么个小玩意可以从地上腾空而起，飞向蓝天。从那时起，我像变了个人，定下了人生的奋斗目标。”

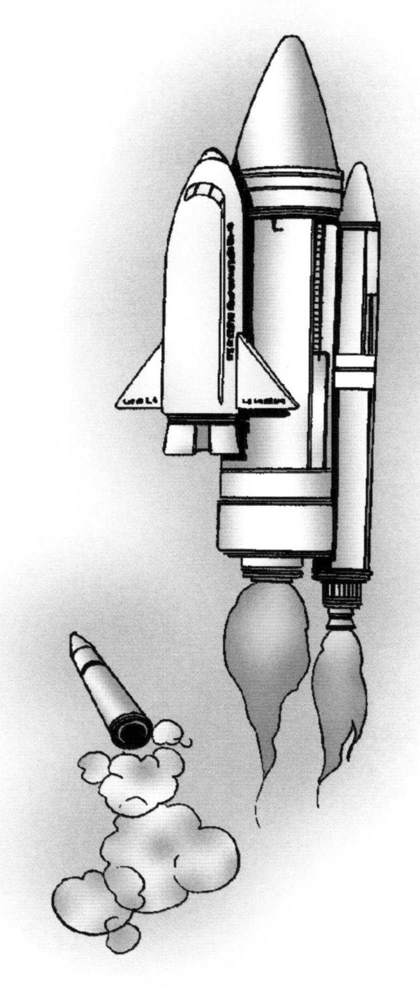

今天的美国火箭是由冯·布劳恩构建基础，美国航空宇宙局推进导弹武器和人工卫星发射火箭的开发，使火箭技术有了更辉煌的发展成果。

1961年苏联的宇宙飞船“东方号”首次载人成功环绕地球飞行。

月球探险和火星探测等人工卫星发射都依赖于火箭。

为了飞往宇宙间，迄今为止都是发射多阶段火箭，但使用原子能的能够发射几千吨重物体并维持高速度的离子火箭和原子火箭也被开发出来。

科学小贴士

戈达德于1882年出生在美国马萨诸塞州的伍斯特。秋季的一天，戈达德正坐在他家屋后的一棵树下读英国作家H·G.威尔斯的科幻小说《星际大战：火星人入侵地球》。他幻想着自己能够制造出飞行器飞向火星。此后他一直为此而不懈努力，为人类探索宇宙作出了贡献。

玻尔
电子运动的原理

每个绕原子核运动的电子都带有一个单位的负电荷，而原子核里面的每一个质子都带有一个单位的正电荷。物质在经过摩擦后，要么会失去电子，留下更多的正电荷(质子比电子多)，要么会获得电子，得到更多的负电荷(电子比质子多)，这个过程被称为摩擦生电。

“原子的构造是：中间是带正电荷(+)的原子核，周围围着带有负电荷(-)的电子。”

这是一位英国物理学家卢瑟福于1911年通过实验确认的事实。

“那么，这样的原子结构为何可以稳定的存在呢？”

用当时的理论是无法解释这一问题的。玻尔为了解决这一难题，刻苦钻研。

德国的普朗克曾提出过这样的理论：“能量不会是带有持续性的值而是成整数倍的值。”

玻尔想将这一理论应用于原子中的电子运动规律，虽然是非常复杂的计算，但玻尔终究还是算出了结果。

玻尔发现了这样的事实：电子围绕在

原子核周围运动，不是单纯的无规则运动，而是以定值的整数倍值缠绕运动。即，电子只能在具有特殊能量的轨道上做无规则运动。

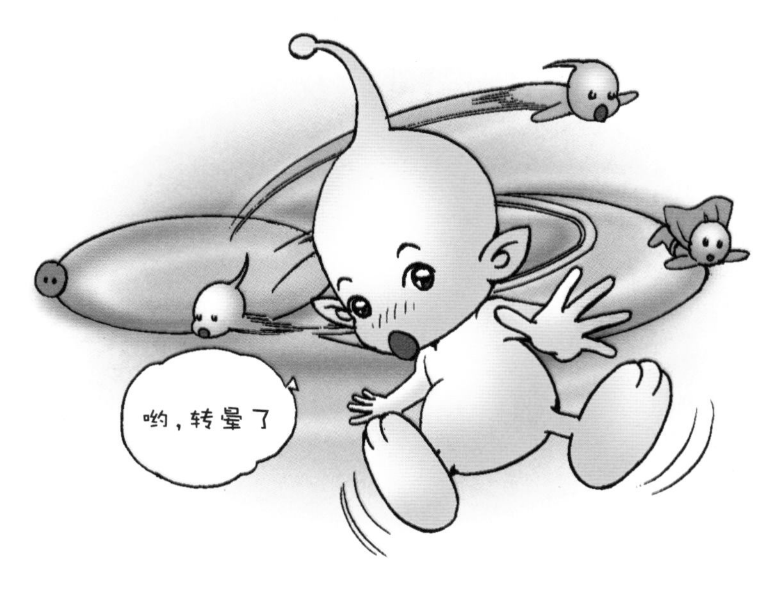

这种有关原子结构的模型在当时是一个超前的想法，即使是著名的学者在当时也提出了反对意见。

运用复杂的计算发现电子运动法则的玻尔此后在哥本哈根开设了物理学研究所。这个研究所深受年轻学者们的青睐，很多年轻学者都得到了玻尔的指导。

德国的海森伯也是玻尔指导过的哥本哈根物理学研究所成员。

科学小贴士

玻尔对于原子能的和平利用和原子能武器所导致的政治问题一直很关心，他特别主张要将这类研究公开，甚至向联合国发出了公开信。

晚年的玻尔求知欲仍然旺盛，对分子生物学等全新的领域也颇感兴趣。

瓦克斯曼 发现“链霉素”

肺结核是对人类危害最大的传染病之一，进入 20 世纪之后，世界上仍有大约 1 亿人死于肺结核，包括契诃夫、劳伦斯、鲁迅、奥威尔这些著名作家都因肺结核而过早去世。瓦克斯曼发现链霉素，对抵抗结核分枝杆菌有特效，人类战胜结核病的新纪元自此开始。

“那个人恐怕活不长了吧？”

不知哪个人说出了这样一句话，看到这个情景，瓦克斯曼问道：“为什么要这么说？”

那个人说自己的朋友得了结核这种怪病。在当时结核还是无法治愈的疑难杂症，患病者几乎无药可救。

“让我来给他治疗吧！”

听到瓦克斯曼很肯定的回答，这个人觉得自己遇到了怪人就离去了。

当时弗莱明已经发明青霉素了，但还有青霉素杀不死的病菌。

瓦克斯曼开始了对结核菌的研究。他首先将几种菌类在试管内培养，为了获取杀死结核菌的物质，他不断地进行实验。

之后，瓦克斯曼终于在 1943 年发现

了“链霉素”。

正是瓦克斯曼不断地研究从产生细菌的物质中提取杀死病原菌的物质，才最终发现了链霉素。

由于在结核病方面的贡献，瓦克斯曼于 1952 年荣获了诺贝尔医学或生理学奖。

科学小贴士

结核是由于结核菌的感染引发的慢性传染病。大部分病菌侵入肺部造成肺结核甚至还可能侵入全身的器官。

症状虽然根据器官而有所不同，但肺结核微热、体重减少等类似感冒的症状会缓慢地持续下去，因此患者很可能不会马上察觉。

贝尔德
与“最早的电视机”

贝尔德开设了自己的电视台，虽然在1935年实现了彩色电视机的放映，但效果并不太理想。其后，兹沃尔金制作出了我们今天所看到的电视机。

现在我们可以通过电视看到世界各地发生的新闻，还能看到各种体育赛事和娱乐节目。

电视已经成了我们生活中不可或缺的家电了。那么，是谁首先想到要发明电视的呢？

最先发明电视机的是英国的发明家贝尔德，他大学毕业后一直从事电视机的研制工作，终于在1925年研制出首台电视机并在第二年开始试播节目。

贝尔在12岁做电话实验时就想，“用电话不仅能实现对话，如果还能看到影像该有多好啊”。这也是后来发明电视机的一个动机。

在杂志上读到电话原理的贝尔德开始研究电视机，在经过了10年不懈的努力，做了无数个实验后，终于看到了一线希望。

“啊，看到了，看到了！”

画面里可以模糊地看到影像。

但是贫穷的贝尔德没有资金支持，于是他在报纸上登出“有谁愿意投资可视放送机器（电视）”的广告，来寻求资助人。

贝尔德在研制电视时曾被200伏特的电压所触及，甚至被电得昏厥过去。

1926年，贝尔德在皇家学会公开用电视试播，取得了巨大的成功。

贝尔德研制出的电视机，成功地把图像传送到大西洋彼岸，成为卫星电视的前奏。然而好景不长，1936年贝尔德遇到了强有力的竞争对手——电气和乐器工业公司发明了全电子系统的电视。经过一段时间的比较，专家于1937年得出结论：贝尔德的机械扫描系统不如电气和乐器工业公司的全电子系统好。贝尔德只好另找市场。然而，就在他想进一步研究新的系统的时候，他突然患肺炎不幸去世了。

科学小贴士

电视机是用信号即时传送活动的视觉图像的装置。最初在西方开始试放映。中国在50年代开始放映，而彩色放映要比其他国家稍晚，在20世纪80年代开始放映。

哈勃
与“哈勃法则”

哈勃在美国出生，在芝加哥大学学习天文学，毕业后到英国牛津大学学习法律。回美国后，成为律师的哈勃1914年加入叶凯士天文台。他还在一战的时候参战。1929年进入威尔逊山天文台证明了宇宙的膨胀现象。

威尔逊山天文台上有口径100英尺（约2.5米）的世界最大的反射望远镜。

哈勃成为天文台的职员后，用这个望远镜在1923年发现了仙女座星云中的12颗造父变星（亮度变化的星体）。这些星体的亮度会发生周期性的变化。

哈勃根据这种周期性的变化，测出了星体和地球的距离。结果哈勃发现了一个不可思议的事情：仙女座星云在地球所处的银河系以外。

继续研究星云的哈勃还发现了雾状星云和星体较为密集的星云。

哈勃在1924年得出了这样的结论：

像仙女座这样的许多星云都在我们生活的银河系以外。

哈勃在之后的研究中，将星系分为椭

圆星系、旋涡星系和不规则星系三种。这个星系的分类方式沿用至今。

哈勃还测定出了从地球到银河的距离，并制定出了反映天体运行速度和天体与地球观测者之间距离关系的定律。

“河外星系视向运行速度与河外星系的距离成正比，即距离愈远，视向速度就愈大”，这种关系后来被称为哈勃定律。

通过这项研究，哈勃证明了爱因斯坦提出的“宇宙在不断膨胀”这一观点。1929 年在加利福尼亚的威尔逊山山顶，通过望远镜，哈勃发现了宇宙处于不断膨胀的事实。

科学小贴士

宇宙大爆炸理论是现代宇宙学的一个主要流派，它能较满意地解释宇宙中的一些根本问题，但这个理论也仅仅是一种学说，是根据天文观测研究后得到的一种设想。大约在 150 亿年前，宇宙所有的物质都高度密集在一点，有着极高的温度，因而发生了巨大的爆炸。大爆炸以后，物质开始向外大膨胀，就形成了今天我们看到的宇宙。大爆炸的整个过程是复杂的，现在只能从理论研究的基础上，描绘过去远古的宇宙发展史。在这 150 亿年中先后诞生了星系团、星系、银河系、恒星、太阳系、行星、卫星等。现在我们看见的和看不见的一切天体和宇宙物质，形成了当今的宇宙形态，人类就是在这一宇宙演变中诞生的。

奥巴林
指明“生命起源”

米勒将奥巴林的想法在实验室实现。他在长颈瓶内放入煤炭、氨、氢、水蒸气等，在长颈瓶内反复模拟闪电等自然现象，发现了构成蛋白质的氨基酸。

“地球上最初的生命是如何产生的呢？”

关于这个问题有很多不同的解释，其中像“生命是从某一处运输而来”、“是从既不是生物又不是非生物的绿色块状物体中产生的”这样的学说，这些学说都不足为信。

就连最为有力的“自然产生”说也被巴斯德“生命不会从没有生命的物质中产生”的实验推翻。

其后，关于生命起源的全新的学说并没有出现。

苏联生化学者奥巴林综合了天文学、地质学、化学的很多知识，对原始时期的生命产生过程做了这样的假设：先是碳元素和氢元素组成的简单的化合物受到闪电或者紫外线的影响，和大气发生化学反应产生氨基酸，氨基酸又变为结构更为复杂的蛋白质。

这些物质被浓缩在凝液层之中，反复进行化学反应，产生原始细胞。我们把这个假设称为“新自然产生说”。

把这个假设整理之后，奥巴林出版了《生命起源》，在 1936 年、1957 年和1966 年，他三次修改了其中的内容。这本书对自然科学研究人员的影响就不必说了，对许多普通人也都产生了巨大的影响。

20 世纪 50 年代后半段，虽然几乎没有人怀疑“首先有了化学进化，之后才有生命诞生”的观点，但至今没人能在长颈瓶内制造出生命。

科学小贴士

自然产生说是指：生物是从无机物质中自然产生，又叫偶然产生说。

亚里士多德以后，对自然产生说的争论，持续到 19 世纪后半期，后来巴斯德做了比别人多得多的实验，令人信服地说明了微生物的产生过程。

卡罗瑟斯发明“尼龙”

卡罗瑟斯在美国艾奥瓦州出生，他专心学习化学知识，先在哈佛大学做讲师，后来进入世界知名的化学工业股份有限公司——杜邦公司，在杜邦公司期间他发明了尼龙。但是在尼龙还没有被做成商品销售之前，卡罗瑟斯得了抑郁症，自杀身亡。

德国化学家施陶丁格最早提出了“高分子”学说。

高分子学说认为：橡胶、纤维素、蛋白质等分子，其相对分子质量是一般分子的十万倍甚至数十万倍。

与施陶丁格不同，也有些学者主张“橡胶、纤维素、蛋白质等分子是众多小分子的集合”。这些学者在学会上展开了激烈的争论。

后来，高分子学说得到认可，人们开始了对生活中常用的塑料、橡胶、纤维素等物质的人工合成研究。

卡罗瑟斯进行了一年的相关研究后，合成了名为“氯丁二烯”的橡胶，这种合成橡胶要比天然橡胶更为密实。

这种橡胶被制作成产品上市，从此，

美国可以摆脱依赖进口橡胶的时代了。在发明了合成橡胶之后的一天，卡罗瑟斯在整理实验失败产生的残渣时，抓住因为高温而变软的一根玻璃棒，拔出之后发现上面有一条长长的像丝线一样的东西。

此后他将在煤炭中抽取出的样品在真空中反复实验，终于在 1931 年，制作出具有丝绸一般光泽、比丝绸更为坚韧的纤维——尼龙。一个用化学药品制作的合成纤维就这样诞生了。

科学小贴士

尼龙在大量使用合成纤维做原料的袜子中几乎达到垄断的地位，它在内衣、宽松女罩衫等衣物上也广为应用，在渔网、绳子的制作以及用苯酚树脂或者其他物质混合制作耐热性强的黏合剂等工业制造中也经常被用到。

禹长春
培育“无籽西瓜”

禹长春，韩国农学家，他的父亲是韩国人，母亲是日本人，他6岁丧父，但仍然坚持刻苦读书，每次考试都获得第一名。从日本回到韩国后，他在农业试验场工作，发表了许多论文，成为世界著名的育种学家。

“我要做的事就是要解决在饥饿中挣扎的农民吃饭问题！”

从日本返回韩国的禹长春暗自下定决心，要为农民服务。

当时家乡的产业水平完全处在原始状态。日本的统治结束后，各种蔬菜的优良品种得以进口，但是却以很高的价格卖给韩国的农民。

禹长春研究蔬菜的种子，最终研发出既抗病虫害又多产的优良品种，他还研制出无菌种，即“无病虫害土豆”。

后来禹长春又培育出了无籽西瓜，让世人惊叹。

普通西瓜的染色体数位是22个，但将刚发芽的西瓜种用秋水仙碱做处理后，染色体数就会变成双倍。这个西瓜和普通的西瓜杂交，就会培育出染色体数位为33个的无籽西瓜。

禹长春为农业的发展作出了贡献，后来在研究水稻一年两熟的过程中积劳成疾，与世长辞。

科学小贴士

染色体是细胞内细胞核中成双存在的物质，染色体数最少的是蛔虫，有4个染色体。与此相反，蟹类染色体最多，有的蟹甚至有254个染色体。

此外，从其他生物的染色体数来看，百合有24个，牵牛花30个，水稻24个，豌豆14个，雄性蝈蝈有23个，雌性有24个，猫有38个，马有66个，人有46个。

缪勒
发明新型杀虫剂“DDT”

缪勒在瑞士出生，后在哥伦比亚大学就读，毕业后在电子公司研究所工作，研究人造革的合成，获得成功。

他因发现 DDT 的杀虫效果而获得诺贝尔医学或生理学奖。

DDT 最先是在 1874 年被分离出来的，但当时人们并没有对它作进一步研究。

瑞士的化学家缪勒实验多种杀虫剂之后发现了 DDT 的性能。

“这是可以消灭害虫的新杀虫剂。”

缪勒经过 4 年的持续研究之后，终于在 1939 年合成了 DDT，而且成功实现了量产。

因此，DDT 在二战时被美国海军大量用来驱赶蚊虫。DDT 还用于治疗斑疹伤寒，在瑞士还成功地驱赶了土豆上的尘芥虫。

除此之外，在多种疾病病菌的清除中，DDT 也都有良好的效果。在印度，DDT 使疟疾病例在 10 年内从 7500 万例减少到500万例。同时，对家畜和谷物喷DDT，也使其产量得到双倍增长。DDT在全球抗疟疾运动中起了很大的作用。用氯奎治疗传染源，以伯胺奎宁等药作预防，再加上喷洒DDT灭蚊，一度使全球疟疾的发病得到了有效的控制。到1962年，全球疟疾的发病已降到很低。

但是，害虫对DDT会产生免疫力，再次挑战人类。“杀虫剂不能永久地杀虫”这一观点已经被证明。

20世纪60年代，DDT的无节制使用，造成了害虫无法根除，还产生了更为强大的天敌。

调查结果显示，地球上很多生物都含有相应成分的DDT。因为环境污染日趋严重，1972年在美国还出台了不得使用DDT的法律规定。

持续使用毒性强的物质，会在能量、水、营养素等所有生物组织中堆积，会造成不好的结果。这是一个教训。

科学小贴士

DDT是一种无色结晶体，不溶于水，易溶于酒精、苯等有机物中。由于脂溶性强，通过蔬菜、水果等在人体的脂肪层内堆积，间接通过食草类动物，进入牛奶、肉类加工食品中引起慢性中毒。现在DDT在很多国家已经被禁止制造、销售、使用。

费米
制造“原子炮弹”

费米出生在意大利罗马，大学毕业后到德国和荷兰留学，回国后在罗马大学任教授一职。

1938 年因德国纳粹迫害犹太人并波及意大利，他在前往瑞典接受诺贝尔奖后去了美国纽约，之后成为美国公民。

原子核(在原子中心带有正电荷的物质)遇到阿尔法射线，原子核的形式会发生变化，偶尔会具有放射性，这一事实早在 20 世纪初就已经广为人知了。

与此同时，人们发现了不带有电荷的中子。

“具有正电荷的原子核和具有正电荷的阿尔法射线相遇后相互排斥，让它们相遇似乎很难。但不带电荷的中子就容易许多，这样可以产生更多种类的原子核。”

费米按照元素周期表，让不同元素的原子核依次和中子碰撞，希望发现带有放射性的原子核。

费米最后将元素周期表的最后的元素(最重的天然元素)铀，用它和中子相碰撞。

“让铀和中子相碰撞，会产生更重的原子核。”

这样的设想是恰如其分的。费米因为这个实验的成功而获得了诺贝尔物理学奖。

费米得知铀的原子核产生裂变且在分裂时会产生新的中子。这个中子将下一个铀原子分裂，又产生新的中子。这样连续分裂会产生连锁反应，根据这个反应，藏在铀元素中巨大的能量会被释放出来。

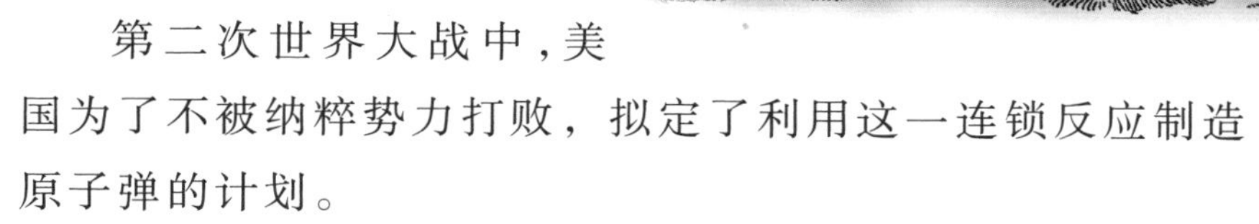

第二次世界大战中，美国为了不被纳粹势力打败，拟定了利用这一连锁反应制造原子弹的计划。

费米成为该计划的核心人物，也成为世界上第一个将铀原子核的裂变人为引爆的人。

科学小贴士

重金属元素铀-235的原子核吸收一个中子后产生核反应，使这个重原子核分裂成两个(极少情况下会是3个)更轻的原子核以及2-3个自由中子，还有β和γ射线和中微子，并释放出巨大的能量。这就是核裂变反应。这种反应放射出的能量比石油等其他化学反应所释放的能量多得惊人。

埃尔顿“食物链”的研究

如果一种有毒物质被草吸收，虽然浓度很低，不影响草的生长，但兔子吃草后有毒物质很难排泄，会在兔子体内积累，老鹰吃兔子，有毒物质会在鹰体内进一步积累。美国国鸟白头鹰之所以面临灭绝，并不是被人捕杀，而是因为有害物质逐步在其体内积累，导致生下的蛋都是软壳，无法孵化。

埃尔顿大学毕业后在一家加拿大皮草公司做职员，这个公司每年都会记录从因纽特人那里买入的皮草数量，埃尔顿就是做这项记录工作，他发现 4 年来皮草数量发生规律性的减少。

“是不是因为被北极狐吃掉的老鼠的原因呢？”

北方的老鼠 4 年就会有一次大的繁殖，甚至流传天上掉老鼠的笑谈。

老鼠过度繁殖，破坏了生态平衡，为了觅食许多老鼠集体迁移。

在迁移途中的老鼠又以惊人的速度繁殖，过几年后又会大量出现老鼠。

埃尔顿发现，这样 4 年一次的大量繁殖让以此为食的北极狐的数量也产生 4 年一度的变化。

北极狐和老鼠的关系得以理清了之后，埃尔顿观察了动物的生活，观察了它们以什么为生。埃尔顿在观察的基础上想到了食物链。

埃尔顿的食物链概念是这样的：植物被食草动物吃掉，食草动物被食肉动物吃掉，小肉食动物被大肉食动物吃掉。没有天敌(一种生物攻击另一种生物，这个生物就是那个生物的天敌)的动物的尸体或者排泄物被细菌分解成为植物的养分。这样物质就得以连续不断的循环。

此后他出版了《动物生态学》一书，在书中他详细阐述了自己对食物链的研究成果。

科学小贴士

埃尔顿还发现了形成食物链的生物中最先被吃掉的生物，它们的繁殖能力最强，而随着食物链层级的上升，其数量也随之减少，呈金字塔形的法则。

这样的生物作用和气候等生物以外的作用相加，我们称之为“生态界”。

诺依曼
电子计算机的“鼻祖”

诺依曼出生于匈牙利的一个银行家家庭，他从小就对数学显现出异于常人的天赋。

高中时家人还帮他聘请了布达佩斯大学的教授为家庭教师，指导他写论文。

此后他考入了布达佩斯大学，获得博士学位。

27 岁时就职于普林斯顿大学，两年后成为普林斯顿高等研究所的教授。

第二次世界大战开始后，诺依曼就参与了洛斯阿拉莫斯实验室进行的“原子能炸弹铸造”计划，从此开始了他跟电子计算机的“亲密接触”。

这时期电子计算机是军事必备物品，每个国家都争先恐后地进行研发。

世界第一台数字式电子计算机是宾夕法尼亚大学的研究团队利用真空管制成的电子数字积分计算机。

这样的计算机使用起来非常不方便。

诺依曼针对这种情况提出了“系统内脏”的制造方式：就是让计算机自己先记住所有的命令，然后按照所需要的命令进行计算。这样，即使计算种类改变了，计算机还是可以灵活地运作，提高计算速度。

有了研究所的支持和自己的努力，诺

依曼成功地制作出了“诺依曼”计算机。

“诺依曼”计算机很快就被大多数的科学家所接受，并开始在普通人中普及。

今天大多数计算机都是根据“诺依曼”原理制造而成的。

诺依曼从小聪颖过人，兴趣广泛，读书过目不忘。据说他6岁时就能用古希腊语同父亲闲谈。他一生掌握了7种语言，最擅德语，可在他用德语思考种种设想时，又能以阅读的速度译成英语。他对读过的书籍和论文，能很快一句不差地将内容复述出来，而且若干年之后，仍可如此。

鉴于诺依曼在发明电子计算机中所起到的关键性作用，他被西方人誉为“计算机之父”。

科学小贴士

世界上第一台数字式电子计算机是美国宾夕法尼亚大学的莫奇利和埃克特共同设计制造的电子数字积分计算机。这台计算机用18800个真空管制成，需120千瓦的电力才能运行，计算速度虽然比原先的计算工具快了1000倍，但因为没有保存装置，除了弹道计算外，没有其他的用处。

斯坦利
成功研制出“病毒结晶体”

上大学时，斯坦利是踢足球的，而且他认为这是他最爱好的活动。实际上他打算当一名足球教练员。然而，当他访问伊利诺伊大学时，他竟鲁莽地同一位化学教授辩论起来。这件事把他的注意力转向一种新的兴趣，因而他到伊利诺伊去当化学研究生。他没有成为足球教练员，却在科学领域开创了一片新天地。

1935 年斯坦利第一次成功研制了病毒结晶体，证明了‘生物也是由物质形成’的观点。

Virus(病毒)一词来源于希腊语，是“有毒物质”的意思。19 世纪人们发现病毒可以引发疾病。

可最初，就因为对病毒没有深入的了解，从而引起了“病毒到底是生物还是非生物”的争论。

从德国留学归来后，进入洛克菲勒医学研究所工作的斯坦利开始对病毒的生殖方式进行研究。

就在成功研制蛋白酶结晶体之际，洛克菲勒医学研究所的另一位研究员发现了一个有趣的现象：可以生成胰蛋白酶的胰脏内有相似于胰蛋白酶的蛋白质，名叫胰蛋白酶原。而胰蛋白酶可以自动把胰蛋白酶原转换成跟自己一样的胰蛋白酶。

只要有一个胰蛋白酶,胰蛋白酶原就会变成胰蛋白酶。胰蛋白酶的数量也可以不断地增加。

“病毒也可以繁殖跟自己一样的物质。病毒的繁殖方式跟酶的繁殖方式是一样的。如此推算,烟草花叶病毒也可以用酶的繁殖方式繁殖。”

烟草花叶病毒是德国的细菌学家贝林发现的病毒体。

斯坦利的实验成功了。“病毒是物质”这一发现开创了“从物质之中提取生物”研究的新篇章。

科学小贴士

因为病毒比细菌还小,无法用细菌过滤器过滤,也只能使用电子显微镜才能观察到,而且只能在生物的细胞中寄生和繁殖。

病毒虽然能制成晶体的形态,但有增殖、遗传等生物特征。

病毒能引起天花、麻疹、风疹、流行性肝炎、脑炎、狂犬病等疾病。

萨宾
发现"小儿麻痹症"的预防方法

1988年，世界卫生大会提出在2000年完全消灭小儿麻痹症的计划。到了1994年，美洲国家率先消灭了小儿麻痹症。2000年，包括中国在内的西太平洋地区也达到了这个目标。

然而，尽管这一计划让小儿麻痹症的发病数量急速下降，却没有根除，世界卫生大会所确定的最初目标没有能够实现。

在洛克菲勒医学研究所，萨宾发现了"polio"病毒。Polio指的是流行性小儿麻痹症，病毒是介于生物与非生物的一种原始的生命体。

美国的索尔克将病毒培养后，并用福尔马林杀死病菌，从而培养出"小儿麻痹疫苗"，但是疫苗的免疫功效只能维持1年。

"一定要研制出药性更强更稳定的防毒疫苗！"

萨宾刻苦钻研，研制出毒性较弱但仍具有毒性的活性疫苗"小儿麻痹病原体"。此后，他继续研究，终于研制出了具有稳定功效的活性疫苗。

他将疫苗实验于自身及妻子还有两个女儿身上，先将弱毒性病原体的活性疫苗分为三部分，一次选择一种，服用三周为一个周期进行实验。

实验获得了成功，这种疫苗的研发成功预示了小儿麻痹症的可预防时代的到来。

此后萨宾成功地从患者的癌细胞中将病原体分离，再次引起了科学界同僚的关注。

科学小贴士

小儿麻痹可分为脊椎性小儿麻痹和脑源性小儿麻痹两种。脊椎性小儿麻痹作为传染病，受小儿麻痹病原体的感染，手脚会出现麻痹症状。脑源性小儿麻痹多为分娩前后受某种因素影响导致脑神经受损出现的症状，与传染无任何关系。

图灵
发明最早的“数码电脑”

3岁时，小图灵就进行了他的首次实验，尝试把一个玩具木头人的小胳膊、小腿掰下来栽到花园里，等待长出更多的木头人。图灵曾说：“我似乎总想从最普通的东西中弄出些名堂。”就连和小朋友们玩足球，他也能放弃当前锋进球这样出风头的事，只喜欢在场外巡看，因为这样能有机会去计算球飞出边界的角度。

被人们称为“奇怪的箱子”的电脑，现如今恐怕无人不知。现代社会即使被称作“电脑时代”也不为过。

世界上第一台计算机研制于第二次世界大战时期，它的主要作用是破译纳粹的军事密码。

英国数学家图灵毕业于普林斯顿大学，世界大战爆发时应政府邀请参战。

“请为我们制造出能够破译德国最高司令部密码的机器。”

图灵为破解德国的著名密码系统Enigma，参与了正在开展的“巨人”项目。

图灵和其他同事一起研究制造机器，并于1943年研制出“巨人”。

当然纳粹德国并不知道自己的密码正在被图灵他们研制出来的计算机破解。

此时美国已经确定了"ENIAC 计算机"计划。宾夕法尼亚大学的物理学家莫奇利和埃克特在1946年研制出了"ENIAC计算机"即电子数字积分器计算机。

因此美国的陆军也开始使用计算机计算炸弹和导弹的运行时间。

"巨人"计算机与"ENIAC计算机"问世以来，电脑发展成为运算速度快、记忆能力强、具有逻辑判断能力、自动化程度高、计算精度高、通用性强的计算机。程序设计也趋于多样化。

盟军依靠图灵发明的计算机破解了纳粹德国的密码，获得世界大战的胜利。但令人感到惋惜的是：图灵却用自杀的方式结束了自己的一生。

科学小贴士

计算机以各种形式存在于我们的生活中。电脑游戏或 word 操作是基本，信用卡或汽车、电视、视频、相机、甚至冰箱等也采用了相关的技术，计算机技术存在于我们完全没有意识到的各个方面。飞机或船舶等利用计算机控制或计算可实现自动操作，在医学领域可利用计算机诊断病人的病情等。

威纳·冯布朗
人造卫星与运载火箭

威纳·冯布朗是一位出生于德国的工程师，第二次世界大战中，他在德国领导研制与生产军用火箭，尤其是V2火箭——一种毁灭性的武器。战争结束时，威纳·冯布朗与其领导的一组人员投降美军，加入了太空总署，负责发射第一颗美国卫星和“农神5号”火箭，这种类型的火箭后来用于发射“阿波罗号”登月。

“让你好好学习你不学，在做什么呢？”

来学校看望儿子的父亲看到威纳·冯布朗在宿舍里研究火箭后非常生气。家里停止支付住宿费用，威纳·冯布朗便自己一边挣学费，一边继续研究火箭，并最终加入了“德国宇宙旅行协会”。

威纳·冯布朗在协会认识了许多火箭专家，并帮助协会完成喷射引擎火箭的制造，他还见到正在访问德国的汽车大亨福特，福特资助他为制造新型火箭而成立了大型研究所。

第二次世界大战期间，他被迫参加德国纳粹开发战争用火箭的工作，德国战败后前往美国。此时正赶上美苏政府的军事对抗。

“我们现在的军事能力还落后于对方，所以需要你积极推动我们的战斗了。”

艾森豪威尔总统将海军开展的人造卫星项目移交给了冯布朗投身的陆军研究所。

此时，冯布朗向总统保证在100天内发射人造地球卫星。冯布朗比约定提前完成任务，在85天内发射成功了美国的第一颗人造地球卫星。

冯布朗继续他的火箭研究，在1967年研制出“农神5号”火箭，这种类型的火箭后来用于发射“阿波罗号”登月，为成功探月作出了贡献。

科学小贴士

人造卫星可分为通信卫星及广播卫星、气象卫星和观测卫星。在没有人造卫星的时代，远距离通信主要利用长波无线通信或海底电缆等方式。但是现在只需地面站把信号发送到卫星，另一个地面站把信号接收过来，传输到所需要的地点就可以了。这样，即使用低廉的价格也可收到比较好的通信效果。

人造卫星除了用于通信领域外，还可以收集气象、地表的资源、农作物的收成、潮汐变化、资源的分布等数据，对于台风预报工作也起着不可低估的作用。

汤斯
发明“激光”

最早的激光武器是激光枪，激光枪射出的激光“子弹”能烧伤敌人的眼睛，使敌人的衣服起火，引起恐慌。但是，只要罩一层白布在身上，就可以使激光反射消散，激光枪也就失效了。接着出现的是激光炮，它射出强大的激光束能准确地击中目标。曾有用氟化氘激光摧毁了一枚正在高速飞行的71A型反坦克导弹的记录。

“短波……长波……电磁波的振动频率……”

一个早晨，汤斯坐在华盛顿市一个公园的长凳上等待饭店开门，以便去进早餐。这时他突然想到：如果用分子，而不用电子线路，不是就可以得到波长足够小的无线电波吗？汤斯将呈现在脑海中的想法作为理论依据进行了实验。结果表明微弱的波动使振幅增强为原来的20倍，它的能量增强了4倍。在那一年，汤斯最早发表了“微波激射理论”（汤斯最早将“激光”称为“微波”），同时发明了“激光”。

汤斯，美国物理学家。最早就读于福曼大学和杜克大学的物理学专业，并在加利福尼亚理工学院获得博士学位。

1951年任职于哥伦比亚大学物理学

教授的汤斯参加完在华盛顿召开的科学家会议时，坐在酒店的长椅上突然有了发明激光的想法。

被称为神秘之光、杀人之光、幻想之光的激光是光的一种，它的亮度极高，颜色极纯，能量密度极大。

激光的原理是这样的：原子的运动状态可以分为不同的能级，当原子从高能级向低能级跃迁时，会释放出相应能量的光子(所谓的自发辐射)。如果这一现象自发形成，穿过黑色纸的光线变强，从而打出一个小洞透过黑色纸，这便是激光的原理。

汤斯发明激光后，固体、液体、气体等多种物质的激光相继被研发出来。激光的用途之广泛令人惊讶，目前被广泛应用在医学、工业、军事等方面。

科学小贴士

激光用于全息摄影术、激光加工、医学、通信等多种行业。

在制作大量套装时，衣料的裁剪、铁板的切割或焊接、珠宝首饰的打孔、癌或肿瘤的切除、出血部位的止血等情况下都要使用激光。

恰佩克《罗素姆万能机器人》

《罗素姆万能机器人》的故事梗概：一个名叫罗素姆的哲学家研制出一种机器人，被资本家大批制造来充当劳动力。前来视察的领导，因机器人的造反面临死亡。人类的唯一幸存者奥尔斯特通过对机器人的观察，了解到机器人之间也存在爱情，并决定将他们改造成一对会恋爱和能生育的机器人“亚当和夏娃”。

人类制造出像人一样的机器，即“机器人”。由于经常可以在电影或电视上看到，因此我们对它并不陌生。

最初的机器人仅存在于书中。捷克斯洛伐克的剧作家卡雷尔·恰佩克在一部讽刺剧《罗素姆万能机器人》中第一次使用了机器人这个词。当时这本书卖得十分火热，随后根据此剧拍成的影视作品长期在各大影院上映。

这部作品主要讽刺了人类为减少自身劳苦发明了万能机器人，在万能机器人队伍日益巨大化的世界里，人类停止了生育，最终面临世界末日的悲剧故事。人类通过书中的模型，开始研究制造出了现实中的机器人。

美国首先开始研究制造可以代替人

类进行简单劳动的机器人。随着美国生产力的迅速发展，社会分工细分化，工厂开始进行简单的重复生产。

制造某种商品时，生产商各自分担着商品的某一部分进行重复生产，而机器人可以代替人类进行这种简单的重复劳动。

1969 年，日本早稻田大学加藤一郎实验室研发出世界上第一台以双脚走路的机器人。

从那以后，日本机器人产业迅速发展。世界上大部分的工业用机器人都是由日本生产制造的。

科学小贴士

现在机器人的用途非常广泛。有灭火用机器人、救援用机器人、清洁高层建筑的外墙与窗户的机器人等多种类型。工业机器人是我们最常见的。工业机器人甚至已成为工厂里不可缺少的核心装备。除此之外，机器人还用于宇宙探险、治病保健，它们可以代替人类进行诊断、治疗、手术等精密工作，这些人们干不了或干不好的领域变成了机器人大显身手的舞台。

西科斯基
发明在空中
悬停的“直升机”

西科斯基曾经制成了“伊利亚·穆罗梅茨”重型轰炸机，这种飞机能载炸弹400公斤，这在当时是最大的载弹量了。第一次世界大战爆发时，一架“伊利亚·穆罗梅茨”飞机首次袭击了德国本土，投掷了272公斤炸弹。至1917年10月革命，俄国退出大战为止，使用这种飞机共执行过422次作战任务，投弹2000余枚。

在救灾抢险、地质探矿、野外施工、科学探险等现场经常出现直升机的灵活身影。直升机像一只小鸟一样，上下左右来往自如，既可以在空中悬停，也可以在简单的条件下起降，同时还可以快速地执行各种艰巨的任务。

西科斯基是世界著名的飞机设计师及航空制造创始人之一，他一生为世界航空作出了相当多的功绩，而其中最重要的则是设计、制造了世界上第一架四发大型轰炸机和世界上第一架实用直升机。

西科斯基从小就沉迷于航空知识，尤其对达·芬奇所画的直升机原理图和从中国传来的竹蜻蜓小玩具特别感兴趣。12岁那年，小西科斯基就制作了一架以橡皮筋为动力的直升机模型，显示了机械创造的天赋。长大后，他就读于彼得堡海军学校和基辅工业学院。

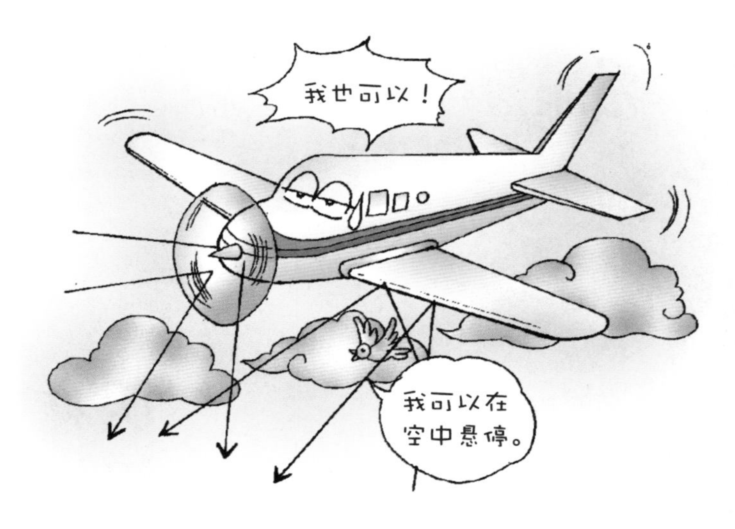

后来他移居美国，并组建了飞机公司，开始研制水上飞机，先后研制成功多种型号的水上飞机。

在积累了无数教训和经验、创造了多次辉煌后，西科斯基一头钻进了直升机的研制中。不到 3 年时间，他便解决了直升机的最大难题——飞机在空中打转儿的毛病。他巧妙地在机尾装了一副垂直旋转的抗反作用力的小型旋翼——尾桨，终于使直升机飞上了蓝天。

年过 50 岁的西科斯基身穿黑色西服，头戴鸭舌帽，爬进座舱，轻松地把一架直升机升到空中，并在空中平稳地悬停了一段时间，然后轻巧地降落回地面。这在航空史上是崭新的一章，他成功地让世界上第一架真正的直升机——VS－300 升空了。经反复试飞，VS－300 具有良好的操纵性能，具备了现代直升机的基本特点。

科学小贴士

中国汶川大地震发生后，是直升机率先飞往灾区上空查看。在震区公路、桥梁中断，震中数万生命无法获取外界救援时，还是直升机穿梭于崇山峻岭之中，运送救援物资，转移受伤群众。在抗震救灾中，直升机发挥了不可替代的作用，“生命之鹰”是灾区百姓给予它们的赞誉。

沃森
提出DNA结构

人类基因组计划与曼哈顿原子弹计划和阿波罗登月计划并称为三大科学计划。2000年6月26日，参加人类基因组工程项目的美国、英国、法国、德国、日本和中国的6国科学家共同宣布，人类基因组草图的绘制工作已经完成，解读人体基因密码的“生命之书”宣告完成。

DNA又叫做脱氧核糖核酸，是含有遗传因子的物质。

1953年，美国的分子生物学家沃森与同事克里克一同在英国的科学杂志《自然》上发表了论文《DNA的构造》。

在这篇论文中他们指出了DNA双螺旋结构的立体模型。

这篇论文不仅新颖地说明了有关遗传因子的复制过程，还成为揭开从分子角度解释生物性质或活动的学科“分子生物学”序幕的契机。

到这时候为止，孟德尔或摩尔根等许多遗传学家和生物学家的研究中都涉及生物如何从双亲的外形和性质传给后代的过程，但都仅仅说明了一点。因此人们都知道“遗传因子是细胞中存在的细长的链状DNA”。

但是DNA通过怎样的过程传给后代，这成为后来研究人员的课题。这个问题的关键答案被沃森和克里克发现了。

沃森生于美国芝加哥，15岁进入芝加哥大学攻读动物学专业，22岁博士毕业。

他决心揭开DNA谜题。在一次出席国际学术会议时他看到了医学家威尔金斯关于DNA的X射线衍射照片。

沃森认识到这是弄清楚DNA构造的捷径，他来到了英国卡文迪什实验室，在这里认识了擅长分析X射线衍射照片的克里克。

沃森在克里克的帮助下，在25岁的时候就发现了“DNA双螺旋结构”，并于1962年与克里克、威尔金斯共同获得了诺贝尔医学或生理学奖。

科学小贴士

2001年6月，风险企业完成了对韩国人疾病研究有着跨时代意义的韩国基因指导草案。

这个基因指导草案将来会给韩国人固有疾病研究和新药开发方面带来很大的帮助。

皮卡德
发明最早的“潜艇”

皮卡德出生于瑞士巴塞尔，后加入美国国籍。作为物理学家，他因为对大气同温层和深海探测而知名。他的双胞胎兄弟J.F.皮卡德则是化学家，在航空技术领域十分活跃。

很久以前，人们就开始对大海中的资源投去关注的目光，一直持续研究着如何进入大海的方法。

人们最初制造的潜艇，就像小小的房间一样，放入的长通气管是与水上相通的，十分不方便。

之后美国的D. 布什内尔留下了潜入海底活动又浮到海上的记录。这种潜水艇仅能乘坐一人，并且装置了在水中观察外面环境的观测窗以及螺旋桨，半小时后就要重新充入空气。

之后有几人利用潜艇进行海底探查，但在世界上开发出最早的潜艇的人是美国的皮卡德教授。

他发明了同温层气球，并利用气球的原理制造了潜艇。

皮卡德制造的潜艇在高压下也能够坚持航行，可以进入深海采集深海中的水、深海物质、浮游生物等，还能进行测量大海中的温度、摄影等各种调查活动。

当时各种工具和科学都已经很发达，但是利用潜艇以外的工具还是无法进入深海中。

皮卡德在潜艇研制上倾注了全力，1960 年，皮卡德乘坐一艘深海潜水艇前往南太平洋最深处的马利亚纳海沟探险，并抵达了海平面以下近 11 公里处(1.1 万米)的地方。这是人类有史以来曾经抵达海底的最深之处。皮卡德足足花了 5 小时才抵达 11 公里深的海底。不过，由于海底 11 公里处的压力比海平面高出至少 1000 倍，皮卡德的深海潜水艇开始无法承受这一压力，导致一块 19 厘米厚的舷窗玻璃出现了轻微裂痕，皮卡德只在 11 公里深的海底待了 20 分钟，就不得不匆匆驾驶深海潜水艇上浮。

科学小贴士

潜艇是为了开发海洋资源潜入海底或海中调查海洋中生长的生物和海底地下资源的专门调查船。主要是人们进入装有空气的气舱中潜行，根据潜入水中不同的深度选择使用不同的潜艇，进入数千米深的海底要使用深海潜水艇。

著作权合同登记号:图字01-2009-7826

本书由韩国知耕社授权,独家出版中文简体字版

图书在版编目(CIP)数据

世界100大发明发现 /(韩)李孝成著;(韩)赵成桂绘;李征译. - 北京:九州出版社,2010.1(2023.2 重印)

(精品中的精品)

ISBN 978-7-5108-0296-6

Ⅰ.①世… Ⅱ.①李… ②赵… ③李… Ⅲ.①创造发明-世界-青少年读物 Ⅳ.①N19-49

中国版本图书馆CIP数据核字(2009)第240170号

世界100大发明发现

作　　者　(韩)李孝成 著　(韩)赵成桂 绘　李　征 译
出版发行　九州出版社
地　　址　北京市西城区阜外大街甲35号(100037)
发行电话　(010)68992190/2/3/5/6
网　　址　www.jiuzhoupress.com
电子信箱　jiuzhou@jiuzhoupress.com
印　　刷　天津新华印务有限公司
开　　本　710毫米×1000毫米　16开
印　　张　13.5
字　　数　130千字
版　　次　2010年1月第1版
印　　次　2023年2月第4次印刷
书　　号　ISBN 978-7-5108-0296-6
定　　价　49.90元